Eisenschink
Finanzierung und Investition
für Technische Betriebswirte

W0236764

Zusätzliche digitale Inhalte für Sie!

Zu diesem Buch stehen Ihnen kostenlos folgende digitale Inhalte zur Verfügung:

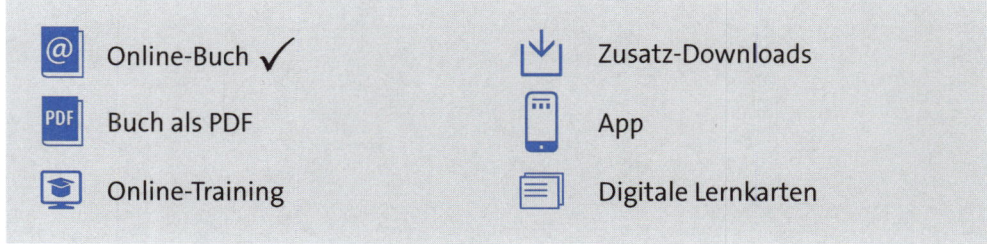

@	Online-Buch ✓	⭳	Zusatz-Downloads
PDF	Buch als PDF	📱	App
🎓	Online-Training	📰	Digitale Lernkarten

Schalten Sie sich das Buch inklusive Mehrwert direkt frei.

Scannen Sie den QR-Code **oder** rufen Sie die Seite **www.kiehl.de** auf. Geben Sie den Freischaltcode ein und folgen Sie dem Anmeldedialog. Fertig!

Ihr Freischaltcode

BENK-COQV-LXIU-KHGJ-HSDX-JM

www.kiehl.de

Finanzierung und Investition für Technische Betriebswirte

Kompaktwissen zur Prüfungsvorbereitung

Von
Dr. rer. pol. Dipl.-Volkswirt Univ. Christian Eisenschink

ISBN 978-3-470-**10241**-2

© NWB Verlag GmbH & Co. KG, Herne 2019
www.kiehl.de

Kiehl ist eine Marke des NWB Verlags

Satz: SATZ-ART Prepress & Publishing GmbH, Bochum
Druck: medienHaus Plump GmbH, Rheinbreitbach

Kompaktwissen Fortbildungsprüfung Technischer Betriebswirt

Der „Geprüfte Technische Betriebswirt" ist dem Niveau 7 des Deutschen Qualifikationsrahmens (DQR) zugeordnet. Somit wird die Aufstiegsfortbildung zum Technischen Betriebswirt den Hochschulabschlüssen gleichgestellt. Die offizielle Interpretation der Zuordnung zum DQR-Niveau 7 besteht darin, dass der Abschluss zum Technischen Betriebswirt „gleichwertig", jedoch nicht „gleichartig" sei, weil die Hochschulstudiengänge mehr Tendenz zum wissenschaftlichen Arbeiten beinhalten als die IHK-Aufstiegsfortbildungen.

Der DIHK-Rahmenplan zum Technischen Betriebswirt bietet viele Sachverhalte an, um das Verständnis von Wirtschaft zu fördern. Die zahlreichen Themengebiete erfordern eine intensive Vorbereitung zur Prüfung. Viele Teilnehmer haben hohe berufliche und private Belastungen sowie entsprechende Zeitnot. Die Bände „Technischer Betriebswirt" stellen kompakt in kurzer Form die wesentlichen Stoffinhalte verständlich sowie anschaulich dar und konzentrieren sich auf das Wesentliche.

Zudem werden die Sachverhalte dem Niveau des DQR-7 entsprechend vermittelt. Daher sind die Bände „Technischer Betriebswirt" auch für andere Zielgruppen, z. B. Bachelor, Betriebswirt IHK oder Master relevant, um sich Basiswissen in den jeweiligen Themengebieten anzueignen.

Kurzer Text und anschauliche Beispiele erleichtern das Lernen. Zusätzlich werden 75 Aufgaben mit Lösungen angeboten. Zudem werden die relevanten Informationen durch einen „Merkkasten" verdichtet. Ein Glossar soll die grundsätzlichen Begriffe fundieren.

Die Bücher der Kompaktreihe „Fortbildungsprüfung Technischer Betriebswirt IHK" stellen keine vollständige und ausführliche Darlegung des gesamten Stoffes dar, weil der Schwerpunkt auf einer kompakten Wissensvermittlung liegt. Jedoch bemühte sich der Verfasser aufgrund seiner langjährigen Erfahrung als Dozent und Prüfer für den Technischen Betriebswirt IHK, möglichst viele relevante Sachverhalte in den Büchern zu berücksichtigen.

Dr. rer. pol. Dipl.-Volkswirt Univ. Christian Eisenschink
Bad Abbach, im Dezember 2018

Vorwort

Der Rahmenplan des DIHK zum Technischen Betriebswirt wurde neu gestaltet. Die Veränderungen sind ab 01.01.2017 gültig.

Das Buch wurde anhand des neuen Rahmenplans strukturiert. In den Kapiteln 1 - 5 des Übungsteils des Buches sind Aufgaben mit ausführlichen Lösungen enthalten, die sich am Stoff der einzelnen Kapitel orientieren. Zudem werden gemischte Aufgaben mit Kurzfragen und Lösungen bereitgestellt.

Zudem steht ein Glossar zur Verfügung, um Grundbegriffe nachlesen zu können. Querverweise auf die Begriffe im Glossar werden im Fließtext wie folgt dargestellt: → **Abgaben**. Im Online-Buch auf mein**kiehl** finden Sie diese Begriffe des Glossars in der Navigationsleiste.

Darüber hinaus werden kurze Tipps zur Prüfungsvorbereitung, insbesondere zu den Aufgaben zum Themengebiet „Finanzierung und Investition", gegeben.

Das vorliegende Buch stellt durch eine kompakte Wissensvermittlung mit Beispielen, Übungen sowie 75 Aufgaben mit Lösungen eine fundierte Basis zur Vorbereitung auf die IHK-Prüfung zum Technischen Betriebswirt dar. Das Buch kann auch zur Einarbeitung in das Thema „Finanzierung und Investition" für Bachelorstudiengänge, für den Betriebswirt IHK oder generell zur Aneignung von Basiswissen verwendet werden.

Ich wünsche Ihnen viel Spaß beim Lesen und bei der Bearbeitung der Aufgaben. Ich wünsche viel Erfolg bei der Prüfungsvorbereitung und auch bei der Prüfung. Informationen zu meiner Person sind unter www.dr-eisenschink.de erhältlich.

Dr. rer. pol. Dipl.-Volkswirt Univ. Christian Eisenschink
Bad Abbach, im Dezember 2018

Benutzungshinweise
Diese Symbole erleichtern Ihnen die Arbeit mit diesem Buch:

 TIPP

Hier finden Sie nützliche Hinweise zum Thema.

 MERKE

Das X macht auf wichtige Merksätze oder Definitionen aufmerksam.

 ACHTUNG

Das Ausrufezeichen steht für Beachtenswertes, wie z. B. Fehler, die immer wieder vorkommen, typische Stolpersteine oder wichtige Ausnahmen.

 INFO

Hier erhalten Sie nützliche Zusatz- und Hintergrundinformationen zum Thema.

 RECHTSGRUNDLAGEN

Das Paragrafenzeichen verweist auf rechtliche Grundlagen, wie z. B. Gesetzestexte.

 MEDIEN

Das Maus-Symbol weist Sie auf andere Medien hin. Sie finden hier Hinweise z. B. auf Download-Möglichkeiten von Zusatzmaterialien, auf Audio-Medien oder auf die Website von Kiehl.

Feedbackhinweis

Kein Produkt ist so gut, dass es nicht noch verbessert werden könnte. Ihre Meinung ist uns wichtig. Was gefällt Ihnen gut? Was können wir in Ihren Augen verbessern? Bitte schreiben Sie einfach eine E-Mail an: **feedback@kiehl.de**

1. Analysieren finanzwirtschaftlicher Prozesse unter zusätzlicher Berücksichtigung des Zeitelements

1.1 Finanzwirtschaftlicher Prozess

1.1.1 Betrieblicher Leistungsprozess und Finanzwirtschaft

Der betriebliche Leistungsprozess beinhaltet die Transformation eines Inputs durch Produktion in einen Output.

Betrieblicher Leistungsprozess	Beispiele
Input	Bleche, Geldkapital, Mitarbeiter, Presse
Produktion	Der Mitarbeiter schiebt das Blech in die Presse und aktiviert diese. Mit der Presse werden Formen gefertigt.
Output	Geformtes Bauteil

Wenn der Output auf dem Absatzmarkt abgesetzt wird, dann wird die Absatzmenge mit einem Stückpreis multipliziert. Es resultiert der Umsatz (Absatzmenge • Stückpreis). Der Umsatz fließt an das Unternehmen zurück, wenn der Kunde kauft. Je **schneller** die Einzahlung des Kunden (bar oder per Bank) erfolgt, umso eher verfügt das Unternehmen über Liquidität. Die Abb. 1 verdeutlicht den Sachverhalt:

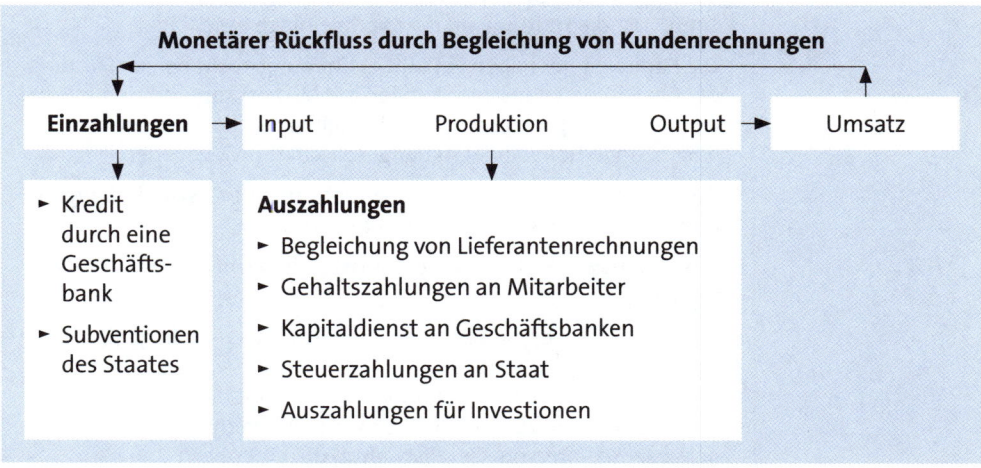

Abb. 1: Betrieblicher Leistungsprozess und Finanzwirtschaft

Die zukünftigen → **Auszahlungen** und → **Einzahlungen** (und/oder → **Ausgaben** sowie → Einnahmen) sollten vom Unternehmer durch einen Finanzplan sowie den Liquiditätskennzahlen im Rahmen der Bilanzanalyse beobachtet werden, damit keine Zahlungsunfähigkeit (Illiquidität) auftritt.

1.1.2 Zusammenhang von Finanzierung und Investition

Aus dem Rechnungswesen ist bekannt, dass die Passiva der Bilanz die Mittelherkunft (Finanzierung) dokumentieren, während auf der Seite der Aktiva die Mittelverwendung (Investition) abgebildet wird.

AKTIVA	Bilanz	PASSIVA
Vermögen Mittelverwendung, Investition	Schulden Mittelherkunft, Finanzierung	

Die Finanzierung kann über

► eigene Mittel (Eigenkapital) oder

► fremde Mittel (Fremdkapital)

erfolgen.

Finanzierung	Ausprägungen
Eigenkapital	► Das Eigenkapital stellt **Haftungskapital** dar. Dabei ist die Rechtsform zu berücksichtigen. Bei Einzelunternehmen und Personengesellschaften (z. B. OHG) haften der Inhaber bzw. die Gesellschafter mit dem Privat- und Geschäftsvermögen. Bei Kapitalgesellschaften (z. B. GmbH) ist die Haftung auf die Kapitaleinlage beschränkt.
	► Die Kapitaleigner haben ein **Mitbestimmungsrecht** bei der Führung der Gesellschaft. Einschränkungen der Mitbestimmung sind z. B. bei der Kommanditgesellschaft für den Teilhafter (Kommanditisten) oder beim Aktionär einer Aktiengesellschaft (AG) gegeben.
	► Die Eigenkapitalgeber haben Anspruch auf eine **Gewinnbeteiligung**. Allerdings tragen sie auch den **Verlust** mit.
	► Das Eigenkapital wird meist **unbefristet** dem Unternehmen zur Verfügung gestellt.
	► Bei Einzelunternehmen und Personengesellschaften liegt ein **bewegliches Eigenkapitalkonto** vor. Die Gewinne oder Verluste sowie die Privateinnahmen und -entnahmen werden mit der Eigenkapitalsubstanz verrechnet. Es wird ein Betrag für das Eigenkapital (bei Personengesellschaften pro Gesellschafter) dokumentiert.
	► Ein **unbewegliches Eigenkapitalkonto** liegt bei Kapitalgesellschaften vor. Das „gezeichnete Kapital" ist hinsichtlich der Gewinne oder Verluste starr. Zudem werden gemäß § 266 HGB differenziert z. B. Kapital- und Gewinnrücklagen sowie der Jahresüberschuss ausgewiesen.
	► Das Eigenkapital stellt Schulden der Gesellschaft gegenüber dem Kapitaleigner dar.

Finanzierung	Ausprägungen
Fremdkapital	▸ Beispiele: Rückstellungen, Verbindlichkeiten aus Lieferung und Leistung, Verbindlichkeiten gegenüber Kreditinstituten
	▸ Fremdkapital wird **befristet** dem Unternehmer überlassen. Die Laufzeit des Fremdkapitals kann kurz-, mittel- oder langfristig sein. Kurzfristigkeit wird mit kleiner einem Jahr und Langfristigkeit mit mehr als fünf Jahren definiert.
	▸ Der Kreditnehmer zahlt dem Kreditgeber, z. B. bei einem Bankdarlehen, die Zinsen sowie die Tilgung (Kapitaldienst).
	▸ Der Kreditgeber hat kein direktes Mitbestimmungsrecht, wobei häufig durch Banken indirekt Einflüsse auf die Unternehmensführung ausgeübt werden.
	▸ Der Zinsaufwand für das Fremdkapital kann steuerlich als Betriebsausgabe geltend gemacht werden. Der zu versteuernde Gewinn sinkt und somit auch die Auszahlungen für Steuern gegenüber der Finanzbehörde.

Die Aktiva der Bilanz zeigen die Mittelverwendung (Investition) auf, die sich nach § 266 HGB in

▸ Anlagevermögen und

▸ Umlaufvermögen

unterteilen lässt. Beim Anlagevermögen ist der Investitionscharakter ersichtlich, während die Positionen des Umlaufvermögens häufig die Folge von Investitionen im Anlagevermögen sind. Wenn beispielsweise eine zusätzliche Maschine beschafft wird, dann müssen zusätzliche Vorräte eingekauft werden, sodass Kapital auch im Umlaufvermögen gebunden ist.

Vermögen	Ausprägungen
Anlagevermögen	▸ Sachanlagen, z. B. Grundstücke, Gebäude, Maschinen, Betriebs- und Geschäftsausstattung
	▸ Immaterielle Vermögensgegenstände, z. B. Patente, Lizenzen
	▸ Finanzanlagen, z. B. Beteiligungen an anderen Unternehmen, Wertpapiere des Anlagevermögens (langfristig)
Umlaufvermögen	▸ Vorräte (Roh-, Hilfs- und Betriebsstoffe)
	▸ Forderungen aus Lieferung und Leistung
	▸ Wertpapiere des Umlaufvermögens (kurzfristig)
	▸ Zahlungsmittel (Bank, Kasse)

Investitionen können aus verschiedenen Gründen vorgenommen werden:

Art der Investition	Beispiel
Gründungs-investition	Die E-Fahrzeug AG gründet für die Herstellung von Batterien die Zell GmbH.
Erweiterungs-investition	Es werden **zusätzliche** Maschinen angeschafft. Somit wird die Kapazität erweitert.
Ersatzinvestition	Für den Ersatz der Maschine A wird die Maschine B beschafft.
Rationalisierungs-investition	Zur Effizienzsteigerung in der Produktion werden verschiedene Prozesse, die bisher Facharbeiter ausführten, mit Robotern versehen. Es erfolgt eine vollständige Automatisierung.

Gründungs- und Erweiterungsinvestitionen werden als Nettoinvestitionen bezeichnet. Es gilt folgender Sachverhalt:

	Bruttoinvestitionen
-	Abschreibung (Ersatzinvestitionen)
=	Nettoinvestitionen

Die Ersatzinvestitionen werden über den Rückfluss der Abschreibungen vom Absatzmarkt finanziert, während für die zusätzlichen Investitionen (Nettoinvestitionen) die thesaurierten (angesammelten) Gewinne und/oder Fremdkapital (z. B. Bankdarlehen) zur Finanzierung eingesetzt werden.

Die Werbung und die Weiterbildung werden häufig auch als Investition bezeichnet, wobei diese Positionen im Rahmen der Bilanzierung des Handelsgesetzbuches nicht auf der Seite der Aktiva der Bilanz erscheinen, sondern als Aufwand in der Gewinn- und Verlustrechnung (§ 275 HGB). Die Weiterbildung von Mitarbeitern erhöht jedoch das Potenzial des Unternehmens, sodass „eigentlich" das Eigenkapital steigen müsste. Die Buchung als Aufwand (z. B. Werbe- und Weiterbildungskosten) senkt das Eigenkapital.

Wenn in einem Unternehmen Investitionen geplant werden, dann ergibt sich ein Kapitalbedarf, der durch die Finanzierung gedeckt werden sollte. Wenn die Finanzmittel nicht ausreichen, um den Kapitalbedarf zu decken, dann bestehen für den Unternehmer folgende Möglichkeiten:

- ► Reduzierung des Investitionsvolumens, z. B. Überprüfung, ob umfassende Funktionen einer Maschine benötigt werden, oder Suche nach einem günstigeren Lieferanten
- ► Beschaffung der Finanzmittel mit geringerem Fremdkapitalzinssatz
- ► Erhöhung der Umsatzaktivität, damit mehr Kapitalrückfluss vom Absatzmarkt generiert wird
- ► Aufnahme neuer Gesellschafter oder Ausgabe junger Aktien.

1.1.3 Zielsetzung der Finanzwirtschaft

Das oberste Ziel eines Unternehmens besteht aus quantitativer Sicht darin, den Gewinn sowie die Rentabilität zu maximieren. Weitere finanzwirtschaftliche Ziele (Abb. 2) sind die Liquidität, die Unabhängigkeit und die Sicherheit.

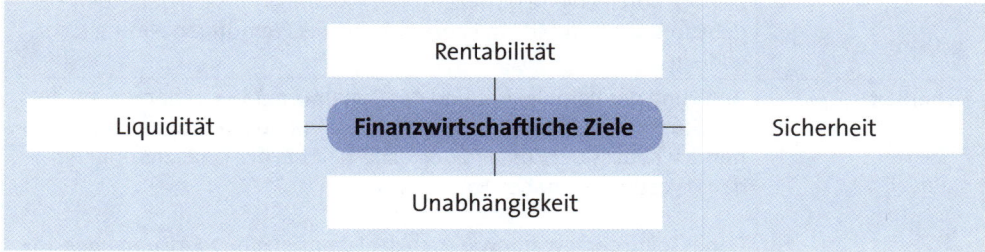

Abb. 2: Finanzwirtschaftliche Ziele

Finanzwirtschaft-liche Ziele	Erläuterungen
Rentabilität	Als Rentabilität wird das Verhältnis von Gewinn zum Kapitaleinsatz oder zum Umsatz bezeichnet. Es wird festgestellt, ob sich eine Investition lohnt (rentiert).
	Die Formeln zur Eigenkapital-, Gesamtkapital- und Umsatzrentabilität werden in ≫ Kapitel 1.2.4 erläutert.
Liquidität	Liquidität stellt die Zahlungsfähigkeit dar. Diese kann durch einen statischen und einen dynamischen Ansatz aufgezeigt werden.
	Statische Liquidität: Die Kennzahlen zu den Liquiditätsgraden 1 bis 3 werden zum Bilanzstichtag („Stichtagsliquidität") erhoben (Formeln siehe ≫ Kapitel 1.2.3). Diese Momentaufnahme der Liquidität gibt keine Auskunft über die zukünftigen → **Einnahmen** und → **Ausgaben**.
	Dynamische Liquidität: Dieser Ansatz erweitert die Liquiditätsbetrachtung über den Stichtag hinaus, indem auf einen Zeitraum bezogen die zukünftigen Einnahmen und Ausgaben im Rahmen eines **Finanzplans** und/oder Cash-Managements beobachtet werden. Das **finanzielle Gleichgewicht** zwischen Einnahmen und Ausgaben sollte aufrechterhalten werden.
	Es sollte die Illiquidität vermieden werden, weil dies ein Grund zur Insolvenzanmeldung ist (§ 17 - 18 InsO).
	Weitere Instrumente zur Liquiditätsmessung sind der → **Cashflow** (Formel siehe ≫ Kapitel 1.2.3) sowie die → **Kapitalflussrechnung**.

Finanzwirtschaft-liche Ziele	Erläuterungen
Unabhängigkeit	Je höher die Liquidität und die Eigenkapitalquote, desto geringer ist die Abhängigkeit von Dritten (z. B. Fremdkapitalgebern). Dem Fremdkapitalgeber muss der Kapitaldienst geleistet werden, was bei einer Finanzierung durch eigene Mittel entfällt. Allerdings entstehen bei den Eigenkapitalgebern Mitspracherechte, die bei Fremdfinanzierung nicht vorliegen.
Sicherheit	Aufgrund der Komplexität und der Dynamik der Wirtschaft liegen dem Kreditnehmer und dem Kreditgeber i. d. R. **unvollkommene Informationen** vor, sodass der Zustand der Sicherheit bei der Finanzierung und den Investitionen nahezu auszuschließen ist. Daher sollte der Investor wie auch der Finanzier ein → **Risikomanagement** betreiben. Weitere Ausführungen sind in >> Kapitel 1.1.4 zu finden.

Die finanzwirtschaftlichen Ziele können konfliktär sein. Nachfolgend werden zwei prominente Zielkonflikte dargelegt.

Zielkonflikte	Erläuterungen
Rentabilität versus Liquidität	Ein Unternehmer kauft eine Maschine und bezahlt diese, dann sinkt seine Liquidität. Durch den Einsatz der Maschine erzielt er Gewinne und steigert die Rentabilität. Zudem erhält der Unternehmer bei hoher Liquidität keine oder kaum Zinsen auf seinem Bankkonto. Daraus ist ersichtlich, dass Rentabilität und Liquidität gegenläufig sind.
Rentabilität versus Sicherheit	Je höher die Rendite, desto geringer die Sicherheit bzw. desto höher ist das Risiko.

1.1.4 Zeit als wesentlicher Faktor – Risiko und Unsicherheit

Ein **Risiko** stellt ein ungewisses Ereignis dar, dessen Eintritt mit einer Wahrscheinlichkeit aufgrund von Vergangenheitswerten und/oder Erfahrungen geschätzt werden kann (z. B. Ausfall eines Lieferanten). Bei **Unsicherheit** kann keine Eintrittswahrscheinlichkeit angegeben werden, weil die Komplexität stark ausgeprägt ist, die Ursache-Wirkungs-Zusammenhänge nicht ermittelbar sowie die alternativen Zukunftszustände diffus sind.

Beispiel

► Es ist unsicher, **wann** sich das Verbraucherverhalten zu einer ökologischen Ausprägung verändert.

► Es ist unsicher, ob in fünf Jahren der Wechselkurs bei 1,50 $/€ liegt.

Eine Wahrscheinlichkeit zu benennen, wäre eine reine Spekulation.

Der **Kreditnehmer** ist als Investor verschiedenen Investitionsrisiken im Laufe der **Zeit** ausgesetzt. Risiken können ein Nachfragerückgang, verändertes Käuferverhalten und der technische Fortschritt der Konkurrenz sein. Der Ertrag oder der Nutzen aus der Investition könnte durch die Risiken gefährdet sein. Je höher das gebundene Kapital in der Investition ist (z. B. große Produktionsanlage, Fertigungsstraße), desto schwieriger kann die Anpassung an veränderte Marktbedingungen sein. Deshalb wird Leasing gerne genutzt, um flexibel zu bleiben.

Der **Kreditgeber** hat das Risiko, dass der Wert des ausgegebenen Kredits **real** im Laufe der Jahre durch Inflation sinkt. Zudem muss der Kreditgeber mit einem Ausfall des Kapitaldienstes (Zinsen, Tilgung) rechnen, wenn der Kreditnehmer in wirtschaftliche Schwierigkeiten gerät.

Die Ausführungen zeigen, dass bei Investitionen und deren Finanzierung Risiken über die Zeit auftreten können. Eine Entscheidung unter Sicherheit kommt meist nur in den Modellen des vollkommenen Wettbewerbs („homo oeconomicus") vor. Wie geht ein Unternehmer mit den Risiken um?

Die Risiken können mit einem Frühwarnsystem oder einem Risikomanagement erfasst werden. Die Bausteine eines Risikomanagements sind:

Risiken identifizieren	Die → **Delphi-Methode** oder die Methoden der → **Ideenfindung** können eingesetzt werden.
Risiken bewerten	Die Bewertung erfolgt durch den Risikowert (= Eintrittswahrscheinlichkeit • Schadenshöhe).
	Die Eintrittswahrscheinlichkeit kann objektiv durch Statistiken aufgrund früherer Beobachtungen anhand der relativen Häufigkeiten ermittelt werden.
	Beispiel
	Ein Lieferant hat eine Liefertreue von 95 %. Die Eintrittswahrscheinlichkeit für nicht rechtzeitige Lieferungen beträgt 5 %. Wenn der Lieferant nicht liefert, dann erfolgt eine Produktionsverzögerung, und der Unternehmer muss bei seinem Kunden mit einer Vertragsstrafe in Höhe von 100.000 € (= Schadenshöhe) rechnen.
	Der Risikowert beträgt 5.000 € (0,05 • 100.000 €).
	Die Eintrittswahrscheinlichkeit kann auch subjektiv geschätzt werden. Der Finanzmanager oder der Controller, der das Management hinsichtlich der Investition berät, gibt aufgrund seiner Erfahrung (= Häufigkeit der Fälle in der Vergangenheit) eine Schätzung ab.
Risiken klassifizieren	Die bewerteten Risiken können in A-, B- und C-Risiken gruppiert werden. A-Risiken haben eine hohe Eintrittswahrscheinlichkeit und eine ausgeprägte Schadenshöhe. Bei C-Risiken sind die Eintrittswahrscheinlichkeiten sowie die Schadenshöhen geringer. Die B-Risiken liegen zwischen den A- und C-Risiken.

Risiken vermeiden	► keine Verträge mit Geschäftspartnern eingehen, die bereits im Vorfeld Unsicherheiten beinhalten
	► Versicherungen, z. B. für Investitionen, abschließen
	► Ersatzinvestitionen bereitstellen, z. B. zweiter Kommissionierautomat, wenn die Kommissionierung einen zentralen Funktionsbereich des Unternehmens darstellt

Die im Rahmen des Risikomanagements identifizierten Risiken stellen zum Zeitpunkt der Erfassung eine Momentaufnahme (**statisch**) dar. Die Risiken können sich aber über die Zeit verändern. Die Risiken sollten daher laufend (**dynamisch**) durch ein Monitoring beobachtet werden, da sich z. B. C-Risiken zu A-Risiken entwickeln können.

Beispiel

Statische Betrachtungsweise:
Am 31.12.00 wurde das Rückzahlungsrisiko für den Kredit an die Bau GmbH aufgrund der ausgezeichneten Situation in der Bauwirtschaft mit einer Eintrittswahrscheinlichkeit von kleiner als 1 % von der Geschäftsbank eingestuft.

Dynamische Betrachtungsweise:
Die Fähigkeit zur Rückzahlung des Kredits der Bau GmbH an die Geschäftsbank sollte **permanent** beobachtet werden. Es wäre der Fall vorstellbar, dass durch eine Leitzinserhöhung der Zentralbank die Nachfrage in der Bauwirtschaft nachlässt und der Umsatz der Bau GmbH stark sinkt. Somit könnte der Kapitaldienst nicht mehr geleistet werden, und ein Teil der Kreditforderungen der Geschäftsbank fällt aus.

Daher sollten die Risiken ganzheitlich im Rahmen von Szenarios und Stresstests einem regelmäßigen Monitoring unterzogen werden.

 MERKE

- ► Durch den betrieblichen Leistungsprozess werden Ein- und Auszahlungen erzeugt.
- ► Im Rahmen der Bilanz stellen Investitionen die Mittelverwendung und die Finanzierung die Mittelquelle dar. Die Finanzierung kann durch Eigen- und/oder Fremdkapital erfolgen.
- ► Es sind Nettoinvestitionen (Gründungsinvestition, Erweiterungsinvestition) von Ersatzinvestitionen zu unterscheiden.
- ► Die Ziele der Finanzwirtschaft sind: hohe Rentabilität, Unabhängigkeit und Sicherheit. Zudem sollte die Liquidität so gestaltet sein, dass ein finanzielles Gleichgewicht herrscht und Illiquidität vermieden wird.

► Bei den Investitionen, aber auch bei der Finanzierung können verschiedene Risiken auftreten. Risiken können Eintrittswahrscheinlichkeiten zugeordnet werden. Bei Unsicherheit kann keine Eintrittswahrscheinlichkeit bestimmt werden, weil aufgrund der Komplexität keine Schätzung möglich ist.

► Die statische Betrachtungsweise der Risiken der Investoren und Finanziers bezieht sich auf einen Stichtag. Da sich Risiken über die Zeit ändern können, sollten diese laufend beobachtet werden („dynamisch").

1.2 Analyse der finanzwirtschaftlichen Prozesse

1.2.1 Vertikale Finanzierungsregeln

Für Finanzierungsentscheidungen spielen die vertikalen Finanzierungsregeln eine große Rolle. Aufgrund einer Bilanzanalyse wird die Struktur der Passiva untersucht. Dazu werden folgende Kennzahlen verwendet: die Eigenkapitalquote und der statische Verschuldungsgrad.

Kennzahlen	Erläuterung
Eigenkapitalquote $= \dfrac{\text{Eigenkapital}}{\text{Gesamtkapital}} \cdot 100$	Die Eigenkapitalquote gibt einen Hinweis auf die Unabhängigkeit des Unternehmens von Fremdkapitalgebern. Es sollte folgende **Kapitalstrukturregel** eingehalten werden: Eigenkapitalquote größer als 30 % (idealerweise gelten 50 % und mehr). Zur Beurteilung sollte ein → *Betriebsvergleich* und/oder ein Branchenvergleich herangezogen werden. **Exkurs: Bereinigte Eigenkapitalquote** Die stillen Reserven im Anlagevermögen erhöhen das Eigenkapital, weil bei einem Verkauf von Gegenständen des Anlagevermögens der Verkaufserlös höher ist als der Restbuchwert. Man spricht dann von einer **bereinigten Eigenkapitalquote**.
Statischer Verschuldungsgrad $= \dfrac{\text{Fremdkapital}}{\text{Gesamtkapital}} \cdot 100$	Der Verschuldungsgrad und die Eigenkapitalquote ergänzen sich zu 100 %. Daher kann der statische Verschuldungsgrad wie folgt ermittelt werden: 1 - Eigenkapitalquote. Zur Beurteilung sollte auch ein Betriebs und/oder Zeitvergleich eingesetzt werden. Die Kapitalstrukturregel lautet: nicht höher als 70 %.

Die vertikalen Bilanzkennzahlen sind ein Teil von Regeln, die sich im Laufe der Jahre durch die Wirtschaftspraxis sowie die Erfahrungen der Geschäftsbanken entwickelten. Die Einhaltung dieser Regeln fördert die Kreditvergabe der Geschäftsbanken.

 MERKE

Je höher die Eigenkapitalquote, umso höher ist die Unabhängigkeit des Unternehmens. Zudem sinkt die Wahrscheinlichkeit des Ausfalls der Forderungen der Geschäftsbank gegenüber dem Kreditnehmer (Unternehmer).

Die vertikalen Finanzierungsregeln sollen die Interessen der Gläubiger sichern und Illiquidität des Kreditnehmers vorsorglich vermeiden. Es ist zu beachten, dass die Kennzahlen **stichtagsorientiert** sind und damit die Zustände der **Vergangenheit** dokumentieren. Je größer der Abstand der Bilanzerstellung zum zurückliegenden Geschäftsjahr ist, desto kritischer sollten die Kennzahlen betrachtet werden.

1.2.2 Horizontale Finanzierungsregeln

Zu den **horizontalen** Bilanzkennzahlen gehören die Anlagendeckung I (Deckungsgrad A), die Anlagendeckung II (Deckungsgrad B) sowie die Anlagendeckung III (Deckungsgrad C).[1]

Kennzahlen	Erläuterungen
$\text{Anlagendeckung I} = \dfrac{\text{Eigenkapital}}{\text{Anlagevermögen}} \cdot 100$	Das Eigenkapital sollte ausreichen, um das Anlagevermögen abzudecken. Daher sollte die Anlagendeckung I **mindestens** 100 % betragen. Bei einem Wert von über 100 % finanziert das Eigenkapital auch Teile des Umlaufvermögens (z. B. eiserne Bestände des Vorratsvermögens). Das Anlagevermögen stellt wesentliche Elemente des Unternehmens dar, die durch eigene Mittel finanziert werden sollten. Da diese Kennzahl elementar ist, wird sie auch als **goldene Bilanzregel** bezeichnet. Hierbei wird auch die **Fristenkongruenz** berücksichtigt, dass langfristige Vermögensgegenstände (AV) durch langfristiges Kapital (EK) finanziert werden sollten.[1]

---

[1] Kurzfristiges Vermögen sollte kurzfristig finanziert werden.

Kennzahlen	Erläuterungen
Anlagen-deckung II $= \dfrac{\text{Eigenkapital +}\ \text{langfristiges Fremdkapital}}{\text{Anlagevermögen}} \cdot 100$	Die Anlagendeckung II wird auch „silberne Bilanzregel" genannt. Sie sollte **mindestens** 100 % betragen.
Anlagen-deckung III $= \dfrac{\text{Eigenkapital + lang-}\ \text{fristiges Fremdkapital}}{\text{Anlagevermögen + lang-}\ \text{fristiges Umlaufvermögen}} \cdot 100$	Die Anlagendeckung III sollte **mindestens** 100 % betragen. Zum langfristigen Umlaufvermögen zählt der eiserne Bestand der Vorräte, die langfristigen Charakter haben und somit auch langfristig finanziert werden sollten. Die Anlagendeckung III kann aus empirischer Sicht als „Frühwarnindikator" für „unternehmerische Probleme" verwendet werden. Daher sollte der Unternehmer versuchen, die Regel einzuhalten.

Wenn man viele Bilanzen und deren Strukturen betrachtet, dann erweist sich die goldene Bilanzregel als Orientierungspunkt. Unternehmen, die eine effiziente und effektive Unternehmensführung aufweisen, werden in den meisten Fällen die goldene Bilanzregel erfüllen. Bei derartigen Kennzahlen sind jedoch auch unternehmensspezifische Merkmale zu beachten. Die Werte der Kennzahlen hängen z. B. von der Konjunktursituation, der Marktstellung, dem Alter des Unternehmens (Gründer oder etabliertes Unternehmen) sowie von der Investitionsneigung (hohes Anlagevermögen oder weitgehend Erinnerungswert von 1 €) ab.

Eine weitere horizontale Finanzierungsregel ist das **Working Capital**, das die Differenz zwischen dem Umlaufvermögen und kurzfristigen Verbindlichkeiten darstellt (s. >> Kapitel 2.7).

1.2.3 Finanzanalyse

Im Rahmen der Finanzanalyse sollen nachfolgend die Liquiditätsgrade I bis III, das Net Working Capital, der dynamische Verschuldungsgrad sowie der Cashflow dargelegt werden.

Kennzahlen	Erläuterung
$\text{Liquidität I} = \dfrac{\text{Zahlungsmittel (Bank, Kasse)}}{\text{kurzfristiges Fremdkapital}}$	Die Zahlungsmittel sollten ausreichen, das kurzfristige Fremdkapital zu decken. Die Zahlungsmittelbestände sollten nicht zu hoch sein, weil keine oder kaum eine Verzinsung auf dem Kontokorrentkonto erfolgt. Maßgeblich sind auch die Art und Struktur des kurzfristigen Fremdkapitals (Lieferantenverbindlichkeiten, Verbindlichkeiten gegenüber Finanzbehörden oder Sozialversicherungsträgern ...). Zudem können Einzahlungen nach dem Bilanzstichtag die Zahlungsmittelbestände erhöhen. Die Liquidität I ist ohne Finanzplan sowie ohne Kenntnis der Struktur des kurzfristigen Fremdkapitals schwer zu beurteilen. Zudem sollte eine Bewertung über den Betriebs- und Zeitvergleich vorgenommen werden.
$\text{Liquidität II} = \dfrac{\begin{array}{c}\text{Zahlungsmittel (Bank, Kasse)}\\ \text{+ Forderungen}\end{array}}{\text{kurzfristiges Fremdkapital}}$	Die Liquidität II sollte mindestens 100 % erreichen. Diese Kennzahl wird auch als „Alarmkennzahl" bezeichnet. Wenn sie nicht erfüllt ist, dann müssten die Vorräte liquidiert werden, um die kurzfristigen Schulden zu begleichen. Es kommt auch auf die Art und Struktur des kurzfristigen Fremdkapitals an. Ein Betriebs- und Zeitvergleich kann unterstützend zur Beurteilung herangezogen werden. Ein Finanzplan ist hinzuzuziehen.
$\text{Liquidität III} = \dfrac{\begin{array}{c}\text{Zahlungsmittel (Bank, Kasse)}\\ \text{+ Forderungen + Vorräte}\end{array}}{\text{kurzfristiges Fremdkapital}}$	Es werden häufig Richtwerte von 200 % genannt. Jedoch kann der Unternehmer nicht mehr produzieren, wenn z. B. alle Vorräte in Geld umgewandelt werden. Zudem unterliegt der Unternehmer einem Verkaufsdruck, sodass der Preis für die Vorräte i. d. R. sinkt.

Kennzahlen	Erläuterung
Net Working Capital (NWC) = $\dfrac{\text{Umlaufvermögen - Zahlungsmittel - kurzfristige Verbindlichkeiten}}{}$	Wenn vom Working Capital die Zahlungsmittel abgezogen werden, dann ergibt sich das NWC. Vom Umlaufvermögen verbleiben die Positionen Vorräte und Forderungen. Die Liquidität des Unternehmens kann gesteigert werden, indem ein Forderungsmanagement (schnelle Zahlungsstellung, Factoring, kurze Zahlungsziele) sowie ein Lagermanagement (geringe Lagerbestände) realisiert werden. Das Management der kurzfristigen Verbindlichkeiten sollte z. B. durch verlängerte Zahlungsziele geprägt sein. **Folgen:** Das Umlaufvermögen wird kleiner, und die kurzfristigen Verbindlichkeiten erhöhen sich. Das NWC kann negativ werden. Je ausgeprägter dieser Effekt ist, desto mehr Liquidität wird generiert. Die Interpretation dieser Kennzahl ist von verschiedenen Annahmen und Blickwinkeln des Bilanzanalytikers abhängig.[1]
Cashflow Eine wichtige Kennzahl stellt die Cashflow-Umsatzverdienstrate dar: Cashflow-Umsatzverdienstrate $= \dfrac{\text{Cashflow}}{\text{Umsatz}} \cdot 100$	Der Cashflow konzentriert sich auf die zahlungsorientierten Größen. Das bedeutet, dass **nicht zahlungswirksame** Aufwendungen und Erträge neutralisiert werden, indem das **umgekehrte** Vorzeichen verwendet wird. Es gibt ausführliche und kürzere Definitionen von Cashflow. Nachfolgend wird eine **Kurzversion** dargestellt. $\begin{array}{cl} & \text{Jahresüberschuss} \\ + & \text{Abschreibungen} \\ \hline = & \text{Cashflow} \end{array}$ **Warum wird die Abschreibung zum Jahresüberschuss addiert?** Der Grund liegt darin, dass die Abschreibung eine nicht zahlungswirksame Größe darstellt und für die Ermittlung des Jahresüberschusses subtrahiert wurde. Um die Abschreibung zu neutralisieren, wird sie addiert. Auf diese Art werden nicht zahlungswirksame Aufwendungen und Erträge eliminiert. Weitere nicht zahlungswirksame Größen sind z. B. Zuschreibungen, Veränderungen von Rückstellungen. Die Cashflow-Umsatzverdienstrate zeigt, wie viel Prozent der Umsätze zur Selbstfinanzierung oder Schuldentilgung verwendet werden können.

---

[1] Vgl. Bundesverband deutscher Banken, in: http://www.betriebsberatungsstelle.de/dwl/fokus-unternehmen_Working_Capital_Management_BGA_DdB.pdf, 12/2014, Abrufdatum 11.01.2018.

Dynamischer Verschuldungsgrad in Jahren $= \dfrac{\text{Fremdkapital}}{\text{Cashflow}}$	Diese Kennzahl zeigt, wie viele Jahre es dauert, bis das Fremdkapital durch den Cashflow abgebaut wird. Wenn der Cashflow zunimmt, dann steigen die zahlungsorientierten Möglichkeiten des Unternehmens, die Schulden zu reduzieren. Zur Beurteilung sollten auch hier Betriebs- und Zeitvergleiche eingesetzt werden.

1.2.4 Rentabilitätskennziffern

Nachfolgend werden die Eigenkapitalrentabilität und die Gesamtkapitalrentabilität betrachtet.

Kennzahlen	Erläuterungen
Eigenkapitalrentabilität $= \dfrac{\text{Gewinn}}{\text{Eigenkapital}}$	Diese Kennzahl stellt die relative Verzinsung des eingesetzten Eigenkapitals dar, während der Gewinn die absolute Verzinsung abbildet. Zur Beurteilung der Eigenkapitalrendite können die → **Opportunitätskosten** einer alternativen Geldanlage (z. B. Festgeld, Kauf von Aktien ...) verwendet werden. Zudem sollte ein Betriebs- und Zeitvergleich zur Bewertung der Kennzahl herangezogen werden. Der Zusammenhang zum finanzwirtschaftlichen Prozess ist gegeben, wenn bei gleichem Gewinn das Eigenkapital z. B. durch Aufnahme eines neuen Gesellschafters erhöht wird. Dann sinkt die Eigenkapitalrendite.
Gesamtkapitalrendite $= \dfrac{\text{Gewinn + Fremdkapitalzinsen}}{\text{Gesamtkapital}} \cdot 100$	Die Gesamtkapitalrendite (GKR) stellt die Verzinsung des gesamten eingesetzten Kapitals dar. Die Beurteilung der GKR kann über einen Betriebs- und Zeitvergleich erfolgen. Wesentlich ist, dass die GKR größer ist als der Fremdkapitalzinssatz (FKZ). Somit kann ein positiver Leverage-Effekt (siehe ≫ Kapitel 1.2.5) bewirkt werden. Wenn diese Bedingung (GKR > FKZ) nicht gegeben ist, dann wird ein negativer Leverage-Effekt erzeugt. Durch die Aufnahme von Fremdkapital erhöht sich der Nenner des Bruches. Somit sinkt die Fremdkapitalrendite. Zudem müssen an den Fremdkapitalgeber, z. B. Geschäftsbank, Fremdkapitalzinsen gezahlt werden.

Kennzahlen	Erläuterungen
$\text{Return on Investment} = \dfrac{\text{Umsatzrendite} \cdot \text{Kapital-}}{\text{umschlagshäufigkeit}}$ $\text{Kapitalum-schlag (KUH)} = \dfrac{\text{Umsatz}}{\text{Eigen- oder Gesamtkapital}}$	Worin besteht der Zweck des Return on Investment (ROI)? Die Eigen- oder Gesamtkapitalrendite wird durch den Umsatz erweitert. Durch die beiden Faktoren Umsatzrendite (USR) und Kapitalumschlag (KUH) bestehen Hebel, um eine ROI-Steigerung zu beeinflussen. Man kann die USR in die Komponenten Gewinn (Erträge - Aufwendungen) sowie Umsatz (Preis · Menge) unterteilen. Wenn beispielsweise die Personalkosten gesenkt werden (bei gleichem Umsatz), dann erhöht sich der Gewinn und somit der ROI. Eine weitere Möglichkeit zur Steigerung des ROI liegt in der KUH. Wenn der Kapitaleinsatz bei gleichem Umsatz reduziert wird, dann erhöht sich der KUH. Der KUH gibt als **Faktor** an, wie häufig das Kapital durch den Umsatz zurückfloss. Wenn sich der Kapitaleinsatz erhöht, dann muss das Unternehmen einen erhöhten Umsatz generieren, um das gleiche ROI-Niveau zu erhalten.

1.2.5 Leverage-Effekt

Leverage bedeutet „Hebel". Bei einer Aufnahme von Fremdkapital wird die Eigenkapitalrendite gehebelt. Dabei sind der positive und negative Leverage-Effekt zu unterscheiden.

Positiver Leverage-Effekt:
Es wird folgende Formel verwendet:

$$EKR = GKR + \frac{FK}{EK}\,(GKR - FKZ)$$

EKR = Eigenkapitalrendite
GKR = Gesamtkapitalrendite
FKZ = Fremdkapitalzinssatz

Beispiel

Die Wasserstoff-Car GmbH benötigt für weitere Forschungs- und Entwicklungsprojekte zusätzliches Fremdkapital. Zum 31.12.00 sind folgende Daten dokumentiert: Eigenkapital 2 Mio. €, Fremdkapital 6 Mio. €; Gesamtkapitalrendite 8 %; Fremdkapitalzinssatz 3 %.

Es sollen zusätzlich 3 Mio. € Fremdkapital aufgenommen werden. Berechnen Sie den Leverage-Effekt.

$$EKR_{alt} = 8\% + \frac{6\text{ Mio. €}}{2\text{ Mio. €}}(8\% - 3\%) = 23\%$$

$$EKR_{neu} = 8\% + \frac{6\text{ Mio. €} + 3\text{ Mio. €}}{2\text{ Mio. €}}(8\% - 3\%) = 30,5\%$$

Die Eigenkapitalrendite nahm durch die Aufnahme des zusätzlichen Fremdkapitals um 7,5 Prozentpunkte zu. Das bedeutet, dass die GmbH-Gesellschafter eine höhere Rendite ihres eingesetzten Eigenkapitals generieren. Dieser Sachverhalt gilt nur, wenn die Gesamtkapitalrendite größer ist als der Fremdkapitalzinssatz.

Negativer Leverage-Effekt:
Wenn die Gesamtkapitalrendite kleiner ist als der Fremdkapitalzinssatz, dann nimmt die Eigenkapitalrendite ab.

Beispiel

Die Gesamtkapitalrendite beträgt 2 %; ansonsten gelten die gleichen Daten wie beim Fall „positiver Leverage-Effekt".

$$EKR_{alt} = 8\% + \frac{6\text{ Mio. €}}{2\text{ Mio. €}}(2\% - 3\%) = 5\%$$

$$EKR_{neu} = 8\% + \frac{6\text{ Mio. €} + 3\text{ Mio. €}}{2\text{ Mio. €}}(2\% - 3\%) = 3,5\%$$

Durch die zusätzliche Aufnahme von Fremdkapital sinkt die Eigenkapitalrendite, wenn die Gesamtkapitalrendite kleiner ist als der Fremdkapitalzinssatz.

 **MERKE**

- ► Für die Beurteilung der Kennzahlen sollten Betriebs- und Zeitvergleiche verwendet werden.

- ► Die Kapitalstrukturregel bei der Eigenkapitalquote lautet, dass der Anteil des Eigenkapitals am Gesamtkapital mindestens 30 % betragen sollte.

- ► Ein Unternehmen sollte sich das Ziel setzen, die goldene Bilanzregel einzuhalten. Langfristiges Eigenkapital sollte das langfristige Anlagevermögen decken.

- ► Die Liquidität II sollte mindestens 100 % betragen, weil sonst Teile der Vorräte in Geld umgewandelt werden müssen, um die kurzfristigen Verbindlichkeiten zu erfüllen.

- ► Die Kennzahl Net Working Capital ist für die Steigerung der Liquidität relevant. Wenn die Forderungen durch kurze Zahlungsziele oder Factoring in Geld transformiert werden und die kurzfristigen Verbindlichkeiten mit „langen" Zahlungszielen ausgestattet sind, dann erhöht sich die Liquidität.

- ► Der Leverage-Effekt ist positiv, wenn die Gesamtkapitalrendite größer ist als der Fremdkapitalzinssatz. Bei positivem Leverage-Effekt erhöht sich die Eigenkapitalrendite, wenn zusätzliches Fremdkapital aufgenommen wird.

2. Vorbereiten und Durchführen von Investitionsrechnungen einschließlich der Berechnung kritischer Werte

2.1 Vorbereitungen von statischen und dynamischen Investitionsrechnungen

Um statische und dynamische Investitionsrechenverfahren durchführen zu können, sollten verschiedene Vorbereitungen getroffen werden. Dazu gehören die Datenbeschaffung, die Datenanalyse, die Prognosen und die Verfahrensauswahl.

Datenbeschaffung:
Für die Berechnung der **statischen** Investitionsrechenverfahren werden nachfolgende Daten benötigt. Die Ausführungen zeigen, dass die Datenbeschaffung häufig verschiedenen Schwierigkeiten ausgesetzt ist.

► **Anschaffungskosten** gemäß § 255 Abs. 1 HGB können aus der Finanzbuchhaltung und/oder durch Einholung von Lieferantenangeboten dokumentiert werden.

► **Abschreibung:**

$$\text{Kalkulatorische Abschreibung} = \frac{\text{Wiederbeschaffungswert}}{\text{tatsächliche Nutzungsdauer}} \quad \text{oder}$$

$$\text{Kalkulatorische Abschreibung} = \frac{\text{Anschaffungskosten - Restwert}}{\text{tatsächliche Nutzungsdauer}}$$

Der **Wiederbeschaffungswert**, z. B. in 5 oder 10 Jahren, kann durch Aufzinsung der Anschaffungskosten bestimmt werden. Der → *Aufzinsungsfaktor* orientiert sich an der durchschnittlich jährlich erwarteten Inflationsrate. Es besteht eine hohe Unsicherheit bei derartigen Schätzungen. Daher empfiehlt es sich, die kalkulatorische Abschreibung jährlich zu überprüfen und zu berechnen.

Anstelle des Wiederbeschaffungswertes werden häufig aus verschiedenen Gründen (Vereinfachung, Schätzprobleme des Wiederbeschaffungswertes, Interpretationsmöglichkeit der Aufgabenstellung, Annahme ...) die **Anschaffungskosten (abzüglich Restwert) zur Berechnung der Abschreibung** verwendet.

Die **tatsächliche Nutzungsdauer** übertrifft häufig die steuerliche Nutzungsdauer und sollte vom technischen Experten geschätzt werden, der sein Urteil auf Erfahrung basieren kann.

► **Restwert:** Wert, der aufgrund der Zukunftsbetrachtung (5 bis 20 Jahre) mit großer Unsicherheit behaftet ist. Der Restwert ist i. d. R. über lange Zeiträume nicht fundiert zu schätzen und daher reine Spekulation.

► **Kalkulatorische Zinsen:** Wenn die Investition mit **eigenen Mitteln** finanziert wird, dann sollten die Opportunitätskosten für eine alternative Geldanlage (Aktienkauf,

Festgeld usw.) angesetzt werden. Dabei käme beispielsweise der Habenzinssatz für Festgeld infrage.

Wenn eine **Fremdfinanzierung** erfolgt, dann sollte der Soll-Zinssatz verwendet werden. Bei Mischfinanzierung wird das gewogene arithmetische Mittel eingesetzt.

Die Daten sind über die Geschäftsbanken bzw. über den Finanzmarkt beschaffbar.

Zur Bestimmung des Kalkulationszinssatzes werden die Haben- und Soll-Zinssätze mit einem **Risikoaufschlag** ergänzt. Der Risikoaufschlag kann mit einer Nutzwertanalyse anhand der Risikofaktoren der Investition ermittelt werden.

▶ **Betriebskosten:**

- **Fixe Kosten:** z. B. Miete, Gehälter
  Diese Daten sind aus der Finanzbuchhaltung beschaffbar.

- **Variable Kosten:** Verbrauch an Roh-, Hilfs- und Betriebsstoffen
  Diese Daten kann der Technikexperte bestimmen. Zudem sind die Daten aus der Finanzbuchhaltung ermittelbar.

▶ **Absatzmenge:** Die Absatzmenge für eine Ersatzinvestition basiert mit großer Wahrscheinlichkeit auf der Absatzmenge der bisherigen Maschine. Bei Erweiterungsinvestitionen und neuen Märkten müssen die Daten aus der Absatzmarktforschung verwendet werden. Diese beruhen auf Prognosen und Schätzungen, die mit einer bestimmten Wahrscheinlichkeit verbunden sind. Die Daten sollten von der Marketingabteilung beschafft werden.

▶ **Stückpreis:** Je nach Marktstellung kann dieser Preis über die Zuschlagskalkulation oder über eine Wettbewerbsbeobachtung (Target Costing) ermittelt werden. Die Daten können von der Kalkulations- und/oder der Marketingabteilung bereitgestellt werden.

▶ **Durchschnittlicher Jahresrückfluss:**

Diese Werte müssen geschätzt werden. Je länger der betrachtete Zeitraum, desto unsicherer werden die Ergebnisse.

▶

> Gewinn = Umsatz - Kosten

Die zu erwartenden Absatzmengen sowie die voraussichtlichen Stückpreise können nur mit einer bestimmten Wahrscheinlichkeit festgelegt werden. Manchmal ist der Gewinn einer Maschine nicht ermittelbar, wenn die Maschine Teil einer Prozesskette ist und durch die Maschine kein direkter Absatz möglich ist. Der **Umsatz** kann nur durch interne Verrechnungspreise anhand eines Betriebsabrechnungsbogens ermittelt werden.

Der zu erwartende Gewinn einer Einzelinvestition ist Unsicherheiten und Datenbeschaffungsproblemen ausgesetzt. Die Kosten können mit großer Wahrscheinlichkeit ermittelt werden, weil die Miete, Gehälter, Löhne usw. aus der Finanzbuchführung beschaffbar sind.

▶ Für das **gebundene Kapital** können die Anschaffungs- oder Herstellkosten aufgrund von Lieferantenangeboten oder internen Kalkulationen angesetzt werden.

Für die Berechnung der **dynamischen** Investitionsverfahren werden **Ein- und Auszahlungen** benötigt. Die Größen müssen auf Zahlungswirksamkeit geprüft werden.

▸ **Einzahlungen:** z. B. Rückflüsse durch Umsatzerlöse, Miet- und Zinserträge, Verkaufserlöse in Höhe des Restwertes

▸ **Auszahlungen:** Kosten, wie z. B. Löhne, Gehälter, jedoch **keine Abschreibungen** (nicht zahlungswirksam).

Datenanalyse:
Die Datenbeschaffung unterliegt verschiedenen Problemkreisen. Die häufig nicht exakt ermittelbaren Daten für die Investitionsrechenverfahren führen nach Anwendung der Formeln zu genauen Zahlen, die jedoch eine **unscharfe Basis** haben. Dieser Aspekt sollte dem Analytiker stets bewusst sein. Es können folgende Aspekte hinterfragt werden:

▸ Wie zuverlässig sind die Daten (Reliabilität)?

▸ Sind die Daten geschätzt und auf welcher Grundlage (z. B. Risikoaufschlag, Absatzmenge)?

▸ Erfolgte die Datenerfassung vollständig oder wurden Ungenauigkeiten in Kauf genommen?

Prognosen:
Aufgrund komplexer und dynamischer Unternehmensumfelder wird zur Vereinfachung eine Trendextrapolation (Fortführung der Trend- bzw. der Regressionsgerade) unterstellt. Da sich Marktveränderungen schnell vollziehen können, ist diese „lineare Denkweise" möglicherweise kritisch. Es wird angenommen, dass die Unternehmensumfelder der Vergangenheit, für die eine Trendgerade (z. B. für den Umsatz) erstellt wurde, auch in der Zukunft konstant sind.

Derartige Annahmen sind eine Momentaufnahme. Die Prognosen für die Variablen (z. B. Stückpreis, Absatzmenge) sind in definierten Zeiträumen zu überprüfen, weil sich auch die Risiken über die Zeit ändern (siehe ≫ Kapitel 1.1.4). Es sollten mehrere Szenarien, auch für die Investitionsrechenverfahren, aufgrund der mit Wahrscheinlichkeiten verknüpften Variablen (z. B. Absatzmenge) erstellt werden.

Verfahrensauswahl:
Der Controller oder Analytiker hat die Wahl zwischen den statischen und dynamischen Investitionsrechenverfahren. Es sollte keine Entscheidung aufgrund eines Rechenverfahrens getroffen werden. Die Durchführung von mehreren statischen **und** dynamischen Investitionsrechenverfahren ist in den meisten Fällen zu empfehlen. Zusätzlich sollte zu den quantitativen Methoden auch die Nutzwertanalyse zur Entscheidung herangezogen werden.

Die Verfahrensauswahl ist vom Einzelfall abhängig. Wenn z. B. die Absatzpreise nicht ermittelbar sind, dann können keine Einzahlungen festgestellt und somit auch kein dynamisches Investitionsrechenverfahren eingesetzt werden. Es bleibt lediglich die Kostenvergleichsrechnung.

Grundsätzlich können folgende ausgewählte Aspekte helfen, die Verfahrensauswahl zu bestimmen:

► Bei **Ersatzproblemen** (alte Maschine durch neue ersetzen) oder **Alternativenvergleich** (Maschine A oder B) können die Kostenvergleichsrechnung, die Rentabilitätsrechnung und das statische Amortisationsverfahren (statisches Investitionsrechenverfahren) eingesetzt werden. Es können auch subjektive Maßstäbe (z. B. Kostenobergrenze, Mindestrentabilität, höchste akzeptable Amortisationszeit) verwendet werden.

► Bei den dynamischen Investitionsverfahren (Kapitalwertmethode, Annuitätenmethode) steht die Frage im Vordergrund, ob die Einzahlungen aus der Investition die Auszahlungen für einen definierten Zeitraum übersteigen. Das Untersuchungsziel besteht darin, ob sich eine Investition lohnt.

Mit der internen Zinsfußmethode kann die Effektivverzinsung ermittelt werden, die mit der subjektiven Verzinsungserwartung verglichen werden kann.

► Wenn kein Verkaufspreis bekannt ist oder ermittelt werden kann, dann scheidet die Gewinnvergleichsrechnung aus.

► Wenn größere Zeiträume (z. B. 10 Jahre) für eine Investition (z. B. Kauf eines Unternehmens) untersucht werden, empfiehlt sich ein dynamischer Ansatz.

► Bei kleineren Investitionen über kürzere Zeiträume werden meist statische Verfahren eingesetzt und Durchschnittswerte (z. B. bei den Kosten) als repräsentative Werte verwendet.

2.2 Investitionsarten und deren Wirkung

Investitionen können nach den Merkmalen **Objekt** und **Zweck** gegliedert werden.

Objektorientierung:

► Sachanlagen (Grundstücke, Gebäude, Maschinen, Betriebs- und Geschäftsausstattung)

► Finanzinvestitionen (Beteiligungen an anderen Unternehmen, langfristige Wertpapiere)

► Immaterielle Investitionen (Patente, Lizenzen ...).

Zweckorientierung:

► Gründungsinvestitionen (Gründung eines neuen Unternehmens, z. B. Tochtergesellschaft oder Erwerb eines Unternehmens)

► Erweiterungsinvestition (z. B. Anschaffung einer **zusätzlichen** Maschine)

► Ersatzinvestition (z. B. Ersatz einer bisherigen Maschine durch eine neue Maschine)

► Rationalisierungsinvestition (Anschaffung einer Maschine, mit der eine Substitution von Arbeit durch Kapital vollzogen wird).

Wirkungen von Investitionen:

▶ **Im Jahresabschluss:**
Investitionen erhöhen die Bilanzsumme durch Buchung im Anlagevermögen. Die Aktivierung der Investition hat erhöhte Abschreibungen zur Folge. Der Gewinn sinkt und somit der mögliche Liquiditätsabfluss an die Gesellschafter und Finanzbehörden.

Wenn die Investition durch Fremdkapital finanziert wurde, dann reduzieren die Fremdkapitalzinsen den Gewinn.

▶ **Bei den Kennzahlen:**
Beispielsweise sinkt der Wert der goldenen Bilanzregel (Eigenkapital/Anlagevermögen), wenn die Investition durch Fremdkapital finanziert wird. Durch Investitionen erhöht sich die Anlageintensität (Anlagevermögen/Gesamtvermögen).

Wenn eine Ersatzinvestition durchgeführt wird, die zu einer Qualitätsverbesserung der Absatzprodukte führt, kann die Rentabilität (Gewinn/eingesetztes Kapital) abnehmen, wenn die Anschaffungskosten und somit das gebundene Kapital der neuen Ersatzinvestition über den (fortgeführten) Anschaffungskosten der bisherigen Investition liegt. Es wird die Annahme zugrunde gelegt, dass der Gewinn gleich bleibt, weil der Kunde die Verbesserung der Qualität nicht mit einem höheren Preis honoriert, sondern als grundsätzliche Voraussetzung erwartet.

▶ **In der Kostenrechnung:**
Durch Investitionen erhöhen sich die Abschreibungen, die den Fixkostensockel erhöhen. Dadurch bestehen Wirkungen auf die Break-Even-Menge. Durch die erhöhte Abschreibung verschiebt sich die lineare Kostengerade nach oben, sodass für das Erreichen der Gewinnschwelle eine erhöhte Produktions- und Absatzmenge erforderlich ist.

Im Rahmen der Zuschlagskalkulation erhöhen die kalkulatorischen Abschreibungen über die Zuschlagssätze die Selbstkosten. Wenn der Absatzpreis aufgrund einer Wettbewerbssituation nicht erhöhbar ist, dann sinkt die Gewinnmarge.

Die Höhe der Anschaffungskosten spielt auch bei der Entscheidung zur Eigenfertigung (Make) oder Fremdfertigung (Buy) eine Rolle.

2.3 Finanzmathematische Grundlagen

2.3.1 Zinsrechnung

2.3.1.1 Zinseszins-Rechnung

Der Zinssatz i stellt den Preis für das Geldkapital dar. Der Zinssatz kann ein

▶ Habenzinssatz (z. B. Geldeinlage eines Unternehmers bei einer Geschäftsbank) oder

▶ ein Sollzinssatz (z. B. zur Aufnahme eines Darlehens)

sein.

Es können zwei grundsätzliche Fälle im Rahmen der Zinsrechnung unterschieden werden: Aufzinsung und Abzinsung.

Aufzinsung eines Gegenwartswertes:

Beispiel

Ein Unternehmer legt bei einer Geschäftsbank für fünf Jahre sein Geldkapital in Höhe von 100.000 € zu einem Habenzinssatz von 5 % an.

K_0 = Gegenwartswert, Barwert
K_n = Endwert in der n-ten Periode (als Periode werden Jahre betrachtet)
i = Zinssatz in Dezimalform

$$(1 + i)^n = \text{Aufzinsungsfaktor} = q^n$$

Zinseszins-Formel: $K_n = K_0 (1 + i)^n$

$K_5 = 100.000\ € \cdot (1 + 0,05)^5 = 127.628,16\ €$

Man kann den Aufzinsungsfaktor auch aus der **DIHK-Formelsammlung** entnehmen.

Aufzinsungsfaktor bei 5 % und fünf Jahren: 1,276282

$K_5 = 100.000\ € \cdot 1,276282 = 127.628,20\ €$

Es kommt ein leicht verändertes Ergebnis bei den Nachkommastellen heraus, weil der Aufzinsungsfaktor der Formelsammlung auf **6 Stellen nach dem Komma begrenzt** ist.

Die Berechnung des Endwertes erfolgt nach dem **Zinseszins**-Prinzip, das nachfolgend kurz dargestellt wird.

Verzinsung am Ende des ersten Jahres: (1)

$$K_1 = K_0 + K_0 \cdot i = \mathbf{K_0 \cdot (1 + i)}$$

Verzinsung am Ende des zweiten Jahres: (2)

$$K_2 = K_1 + K_1 \cdot i = \mathbf{K_1 \cdot (1 + i)}$$

Gleichung (1, fett) wird in Gleichung (2, fett) eingesetzt;

$$K_2 = K_0 \cdot (1 + i) \cdot (1 + i) = K_0 \cdot (1 + i)^2$$

Wenn diese Vorgehensweise fortgesetzt wird, dann resultiert bei n Perioden die Zinseszins-Formel.

Aufzinsung bei konstanten Zahlungen:

Beispiel

Ein Verbraucher spart 5 Jahre lang jedes Jahr 5.000 € bei 5 % Habenzinssatz.

Bei konstanten Zahlungen:

g   = konstante Zahlung

$$EWF = \quad \text{Endwertfaktor} = \frac{(1 + i)^n - 1}{i}$$

Der Endwertfaktor beträgt 5,525631 gemäß Formelsammlung bei 5 % Zinssatz und 5 Jahren.

$$K_n = g \cdot EWF$$

$K_5 = 5.000\ € \cdot 5,525631 = 27.628,16\ €$

Es wird nach fünf Jahren ein Endwert bei einer jährlichen Verzinsung von 5 % in Höhe von 27.628,16 € erreicht.

Abzinsung von einzelnen Zahlungen:

Beispiel

Ein Unternehmer kauft eine Maschine und erwartet die nächsten Geschäftsjahre (Perioden) folgende Nettoeinzahlungen. Es soll der Kalkulationszinssatz von 5 % gelten.

Jahr	1	2	3
Nettoeinzahlung in T€	100	250	280

Die Abzinsung der einzelnen Nettoeinzahlungen auf die Basisperiode 0 erfolgt durch Umstellung der Zinseszins-Formel, indem durch $(1 + i)^n$ dividiert wird.

$$K_n = K_0 \, (1 + i)^n$$

$$K_0 = \frac{K_n}{(1 + i)^n}$$

Der Ausdruck $1/(1 + i)^n$ wird **Abzinsungsfaktor** genannt.

$K_0 = 100.000 \, € \cdot 0,952381 = 95.238,10 \, €$
$K_0 = 250.000 \, € \cdot 0,907029 = 226.757,25 \, €$
$K_0 = 280.000 \, € \cdot 0,863838 = 241.874,64 \, €$

 MERKE

Durch das Abzinsen der Zahlungen auf die Basisperiode 0 sind die Zahlungen vergleichbar.

Abzinsen von konstanten Zahlungen:

Beispiel

Ein Unternehmer investiert in eine Maschine und schätzt, dass er die nächsten 3 Jahre 100.000 € Nettoeinzahlung erhält (Annahme: 5 % Zinssatz).

Man könnte jede Nettoeinzahlung einzeln abzinsen. Bei längeren Zahlungsreihen entsteht ein hoher Rechenaufwand. Daher sollte man bei konstanten Zahlungen den Diskontierungssummenfaktor (DSF), oder auch Barwertfaktor genannt, verwenden.

$$DSF = \frac{(1 + i)^n - 1}{i \cdot (1 + i)^n}$$

$K_0 = g \cdot DSF$

Der DSF beträgt 2,723248 gemäß Formelsammlung bei 3 Jahren und 5 % Zinssatz.

$K_0 = 100.000 \, € \cdot 2,723248 = 272.324,80 \, €$.

Die Summe der Barwerte der einzelnen Nettoeinzahlungen beträgt 272.324,80 €.

Wesentlich ist, dass der Analytiker sich durch **Visualisierung** der Zahlungsreihe (Abb. 3) bewusst ist, welche rechnerische Richtung eingeschlagen werden soll. Zudem sollte berücksichtigt werden, ob konstante oder unterschiedliche Zahlungen vorliegen.

Aufzinsung	Von der Vergangenheit in die Zukunft, Rechnung von links nach rechts auf dem Zeitstrahl
Abzinsung	Von der Zukunft in die Vergangenheit, Rechnung von rechts nach links auf dem Zeitstrahl

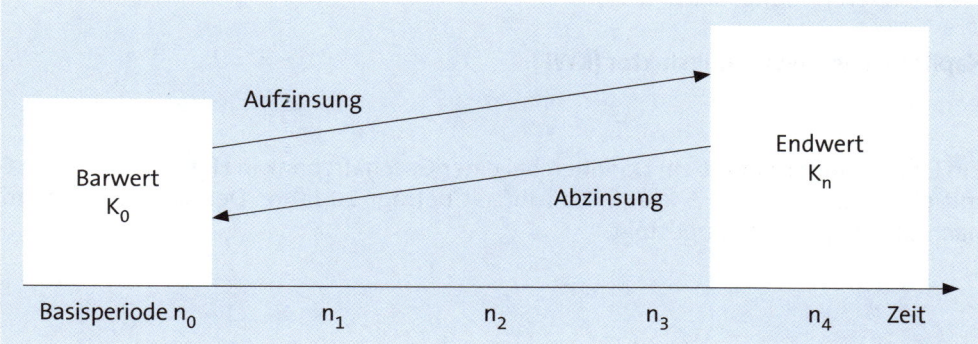

Abb. 3: Auf- und Abzinsung

Darüber hinaus ist zu berücksichtigen, dass vor- und nachschüssige Zahlungen vorliegen können.

▸ **Vorschüssig:** Die Zahlung erfolgt zu Beginn der Periode (z. B. zu Beginn des Monats oder Geschäftsjahres).

▸ **Nachschüssig:** Die Zahlung erfolgt am Ende der Periode (z. B. am Ende des Monats oder Geschäftsjahres).

Wenn jährliche Zahlungen betrachtet werden, was in diesem Buch der Fall ist, dann kann bei einer vorschüssigen Zahlung die vorangegangene Periode hinsichtlich der nachschüssigen Zahlung genutzt werden. Wenn die Bar- und Endwerte auf monatlicher Basis berechnet werden, sind die Formeln wesentlich komplexer.

Beispiel

Durch eine Aufzinsung wurde ein **nachschüssiger** Endwert in Periode 4 von 10.000 € erreicht. Der **vorschüssige** Wert von 10.000 € wird dann der Periode 5 zugeordnet.

2.3.1.2 Rentenrechnung

Eine Rente stellt einen gleichen Betrag über die Zeit dar, wobei die Zeitabstände gleichmäßig verteilt sind (Äquidistanz). Beispielsweise werden 5 Jahre lang jeden Monat 1.000 € Einzahlungen aus der Vermietung einer Eigentumswohnung verzeichnet. Eine Rente wird auch als Annuität (vgl. >> Kapitel 2.5.4) bezeichnet.

Es gibt zwei grundsätzlich finanzmathematische Faktoren zur Rentenrechnung:

► Kapitalwiedergewinnungsfaktor (KWF) oder Annuitätenfaktor

► Restwertverteilungsfaktor (RVF).

Kapitalwiedergewinnungsfaktor (KWF):

Beispiel

Ein Unternehmer nimmt ein Darlehen bei einer Geschäftsbank in Höhe von 100.000 € mit einem Zinssatz von 5 % auf. Die Laufzeit beträgt 10 Jahre. Der Sachverhalt wird nachfolgend grafisch dargestellt.

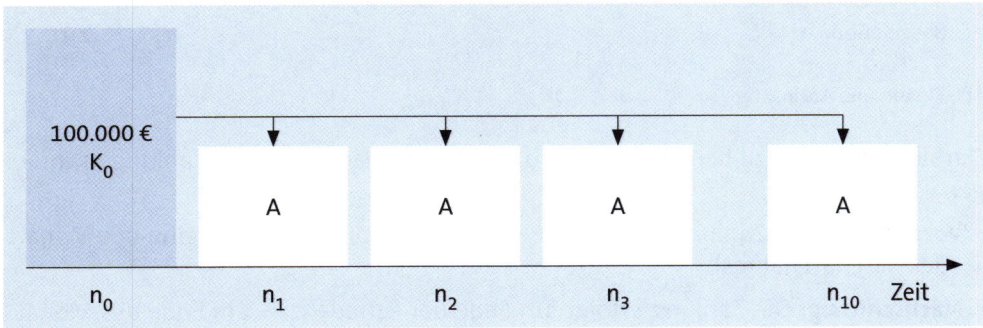

Abb. 4: Annuität

A = Annuität,

$$KWF = \frac{i \cdot (1 + i)^n}{(1 + i)^n - 1}$$

KWF bei 5 %, 10 Jahre = 0,129505 (gemäß DIHK-Formelsammlung)

$$A = K_0 \cdot KWF$$

= 100.000 € · 0,129505 = 12.950,50 €

Die jährliche Annuität (Kapitaldienst mit Zins und Tilgung) beträgt 12.950,50 €.

Restwertverteilungsfaktor (RVF):

Beispiel

Ein Unternehmer beabsichtigt, mehrere Jahre Kapital anzusammeln, um nach 5 Jahren 1 Mio. € Endwert zu erreichen. Es wird ein Kalkulationszinssatz von 5 % unterstellt.

A = Annuität

$$A = K_n \cdot RVF$$

$$RVF = \frac{i}{(1 + i)^n - 1}$$

Der RVF bei 5 % und 5 Jahren gemäß DIHK-Formelsammlung beträgt 0,180975.

A = 1.000.000 € · 0,180975 = 180.975 €

Der Unternehmer muss 180.975 € pro Jahr (inkl. Zinseszinsen bei 5 % Zinssatz) ansammeln, um nach 5 Jahren 1 Mio. € zu erreichen. Im 5. Jahr wird auch noch eine Annuität notwendig, weil ein **nachschüssiger** Ansatz unterstellt wird.

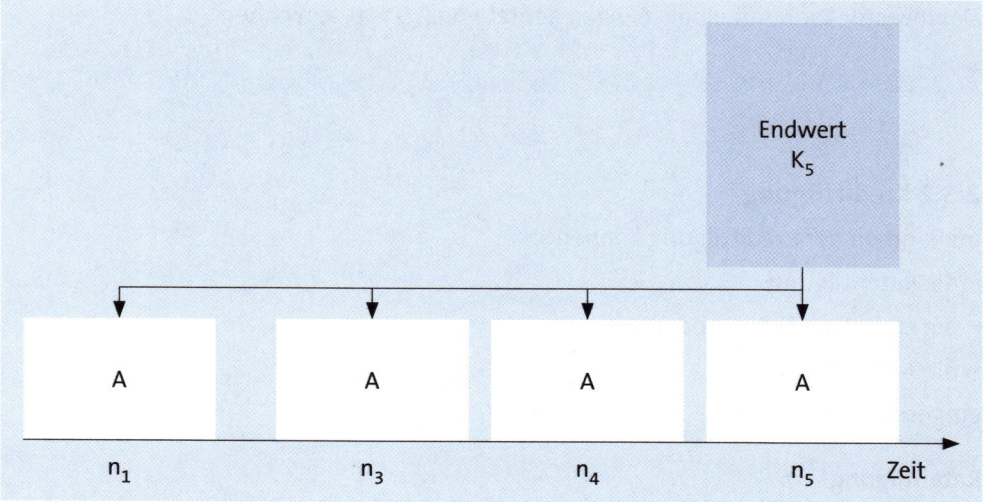

Abb. 5: Restwertverteilungsfaktor

Bei der Rentenrechnung ist entscheidend, ob

- der Barwert z. B. eines Darlehens oder einer Lebensversicherung über mehrere zukünftige Perioden gleichmäßig (inkl. Zinseszins) verteilt wird oder
- für einen zukünftigen Endwert eine gleichmäßige Zahlung bis zur ersten Periode rückwirkend ermittelt wird.

Ein Sonderfall der Rentenrechnung ist die „ewige Rente".

Beispiel

Ein Unternehmer kauft ein anderes Unternehmen mit unbegrenzter (ewiger) zeitlicher Nutzung in Höhe von 2 Mio. €. Es wird ein Kalkulationszinssatz von 10 % unterstellt. Das Unternehmen erzielt pro Jahr einen Nettoeinzahlungsüberschuss von 50.000 €.

$$\text{Ewige Rente} = \frac{\text{Nettoeinzahlungsüberschuss}}{\text{Anschaffungskosten}}$$

$$= \frac{50.000 \text{ € pro Jahr}}{2 \text{ Mio. €}} = 0{,}025 \text{ p. a.}$$

Der Investor kann mit einer „ewigen Rente" von 2,5 % p. a. rechnen.

2.3.2 Kredittilgung

Im Rahmen der Kredittilgung können

- die Ratentilgung,
- die endfällige Tilgung oder
- die Annuitätentilgung

eingesetzt werden.

Ratentilgung

Im Rahmen eines Abzahlungsdarlehens bleiben die Tilgungsraten während der Laufzeit des Darlehens konstant.

Beispiel

Ein Unternehmer nimmt bei seiner Geschäftsbank für den Kauf einer Maschine mit hoher Produktivität einen Kredit in Höhe von 90.000 € zu einem Zinssatz von 5 % und einer Laufzeit von 3 Jahren auf.

Bearbeitungsschritte:

1. Die Spalte „Tilgung" wird ausgefüllt. 90.000 € dividiert durch 3 Jahre ergibt 30.000 € pro Jahr.

2. Die Restschuld im ersten Jahr beträgt 60.000 € (90.000 € - 30.000 €).

3. Berechnung der Zinsen im 1. Jahr: 90.000 € • 0,05 = 4.500 €.

4. Im zweiten Jahr ergeben sich Zinsen in Höhe von 3.000 € (60.000 € • 0,05).

Jahr	Schuld	Zinsen	Tilgung	Kapitaldienst (Zinsen und Tilgung)	Restschuld
1	90.000 €	4.500 €	30.000 €	34.500 €	60.000 €
2	60.000 €	3.000 €	30.000 €	33.000 €	30.000 €
3	30.000 €	1.500 €	30.000 €	31.500 €	0 €
		9.000 €	90.000 €	99.000 €	

Der Kredit in Höhe von 90.000 € kostet den Unternehmer 9.000 € Zinsen. Eine Alternative bestünde darin, dass er 3 Jahre Gewinne ansammelt, um z. B. die Investition zu finanzieren. Somit wäre er von der Geschäftsbank **unabhängig**. Allerdings kann er mit dem Kredit eine höhere Produktivität und Qualität mit der neuen Maschine sofort erzeugen.

Endfällige Tilgung (Blocktilgungsdarlehen)
Bei dieser Darlehensart wird die Tilgung im letzten Geschäftsjahr vollzogen.

Beispiel

Ein Unternehmer nimmt einen Kredit für den Kauf einer Maschine auf.
Darlehenshöhe: 90.000 €, Laufzeit: 3 Jahre
Die Tilgung des Kredits soll im letzten Jahr (3. Jahr) stattfinden.

Bearbeitungsschritte:

1. Eintrag der Tilgung in Höhe von 90.000 € im 3. Jahr.

2. Berechnung der Zinsen: 90.000 € • 0,05 = 4.500 €.

3. Eintrag der Restschuld jeweils in Höhe von 90.000 € für 1. und 2. Jahr.

Jahr	Schuld	Zinsen	Tilgung	Kapitaldienst (Zinsen und Tilgung)	Restschuld
1	90.000 €	4.500 €	0 €	4.500 €	90.000 €
2	90.000 €	4.500 €	0 €	4.500 €	90.000 €
3	90.000 €	4.500 €	90.000 €	94.500 €	0 €
		13.500 €	90.000 €	103.500 €	

Annuitätentilgung
Beim Annuitätendarlehen bleibt der Kapitaldienst (Zinsen und Tilgung) konstant.

Beispiel

Ein Unternehmer nimmt einen Kredit in Höhe von 90.000 € zu 5 % mit einer Laufzeit von 3 Jahren auf. Es wird eine Annuitätentilgung vereinbart.

Bearbeitungsschritte:

1. Berechnung der Annuität: Der Annuitätenfaktor beträgt 0,367209.

   90.000 € • 0,367209 = 33.048,81 €

   Dieser Betrag wird für jedes Jahr in die Spalte „Kapitaldienst" eingetragen.
2. Der Kapitaldienst (Zinsen und Tilgung) von 33.048,81 € - 4.500 € Zinsen ergibt eine Tilgung von 28.548,81 €.
3. Die Restschuld wird ermittelt: 90.000 € - 28.548,81 € = 61.451,19 €.

Jahr	Schuld	Zinsen	Tilgung	Kapitaldienst (Zinsen und Tilgung)	Restschuld
1	90.000,00 €	4.500,00 €	28.548,81 €	33.048,81 €	61.451,19 €
2	61.451,19 €	3.072,56 €	29.976,25 €	33.048,81 €	31.474,94 €
3	31.474,94 €	1.573,75 €	31.475,06 €	33.048,81 €	- 0,12 €
		9.146,31 €	90.000,12 €	99.146,43 €	

Der resultierende Betrag in Höhe von - 0,12 € kommt durch die Rundungen zustande.

Wenn die drei Darlehensarten verglichen werden, dann weist das Abzahlungsdarlehen den geringsten Kapitaldienst auf.

2.3.3 Effektivverzinsung

Zur Effektivverzinsung gibt es mehrere Berechnungsmöglichkeiten. Wesentlich ist, dass der Effektivzinssatz bei einem Bankdarlehen über dem Nominalzinssatz liegt, weil z. B. das Disagio (Abgeld) mit eingerechnet wird.

Effektivzinssatz Tilgungsdarlehen:
Beispiel

Ein Unternehmer nimmt ein Tilgungsdarlehen in Höhe von 100.000 € zu einem Nominalzinssatz von 4 % und einer Laufzeit von 10 Jahren auf. Es wird ein Disagio (Abgeld) von 5 % unterstellt.

Allgemeine (vereinfachte) Formel zur Berechnung des Effektivzinssatzes für Tilgungsdarlehen:

$$\text{Effektivzinssatz} = \frac{\text{Normalzinssatz} + \dfrac{\text{Disagio}}{\text{mittlere Laufzeit}}}{\text{Auszahlungskurs}}$$

$$= \frac{0,04 + \dfrac{0,05}{5,5}}{0,95} = 0,0517$$

Mittlere Laufzeit = (10 + 1)/2 = 5,5 Jahre

Der Auszahlungskurs ergibt sich aus der Differenz 100 % minus 5 % Disagio.

Der Effektivzinssatz beträgt 5,17 % und liegt über dem Nominalzinssatz.

Effektivverzinsung bei unterjähriger Verzinsung:

Beispiel

Für ein Wertpapier (z. B. Anleihe) mit einer Nominalverzinsung von 5 % werden monatliche Zinszahlungen (m = 12) vereinbart. Der Effektivzinssatz liegt über dem Nominalzinssatz, da von einer Wiederanlage der monatlich erhaltenen Zinszahlungen ausgegangen wird.

Allgemeine Formel:

$$\text{Effektivzinssatz} = \left[\left(1 + \frac{i}{m}\right)^m - 1\right] \cdot 100$$

$$= \left[\left(1 + \frac{0,05}{12}\right)^{12} - 1\right] \cdot 100 = 5,12 \%$$

Durch die unterjährigen Zinszahlungen beträgt der effektive Zinssatz 5,12 %.

2.4 Statische Verfahren

2.4.1 Grundlegendes

Bei den statischen Investitionsrechenverfahren werden überwiegend die Begriffe → **Kosten** und → **Leistung** eingesetzt. Lediglich im Rahmen der statischen Amortisationsrechnung wird partiell mit → **Ein- und Auszahlungen** agiert. Wesentlich ist, dass die Investitionsverfahren nicht separat für Entscheidungen herangezogen werden. Je mehr Pluralität bei der Entscheidungsfindung einwirkt, umso fundierter kann die Entscheidung sein. Daher sollten die statischen Investitionsverfahren mit den dynamischen Verfahren (>> Kapitel 2.5) sowie mit einer Nutzwertanalyse (>> Kapitel 3) ergänzt werden.

 MERKE

Eine Investitionsentscheidung sollte nicht **nur mit einem** Investitionsrechenverfahren getroffen werden.

2.4.2 Kostenvergleichsrechnung

Die Kostenvergleichsrechnung kann

- bei dem Vergleich zwischen zwei oder mehreren Alternativen (z. B. Investition in Maschine A, B, C oder D),
- bei einem Ersatzproblem (z. B. Ersatz der Maschine A durch eine neue Maschine) oder
- zur Überprüfung der Einhaltung eines Budgets

eingesetzt werden.

Alternativenvergleich:
Es wird die Investition gewählt, deren Kosten geringer als die der Investitionsalternativen sind. Es sollten folgende Kosten zur Entscheidungsfindung berücksichtigt werden:

- $$\text{Kalkulatorische Abschreibung} = \frac{\text{Anschaffungskosten - Restwert}}{\text{Nutzungsdauer}}$$

- $$\text{Kalkulatorische Zinsen} = \frac{\text{Anschaffungskosten + Restwert}}{2}$$

- Betriebskosten: Löhne, Gehälter, Instandhaltung, Energiekosten.

Beispiel

Ein Spediteur steht vor der Entscheidung, eine Maschine zu beschaffen. Es wird ein Kalkulationszinssatz von 10 % unterstellt. Er hat zwei Alternativen:

Alternative A: Anschaffungskosten 250.000 €, Restwert 20.000 €, Nutzungsdauer 10 Jahre, Gehälter 50.000 €, Instandhaltung 3.000 €, Betriebsstoffverbrauch 5.000 €

$$\text{Kosten A} = \frac{250.000\ € - 20.000\ €}{10\ \text{Jahre}} + \frac{250.000\ € + 20.000\ €}{2} \cdot 0,1 + (50.000\ € + 3.000\ € + 5.000\ €)$$

$$= 23.000\ € + 13.500\ € + 58.000\ € = 94.500\ €$$

Alternative B: Anschaffungskosten 200.000 €, Restwert 30.000 €, Nutzungsdauer 10 Jahre, Gehälter 80.000 €, Instandhaltung 1.000 €, Betriebsstoffverbrauch 2.000 €

$$\text{Kosten B} = \frac{200.000\ € - 30.000\ €}{10\ \text{Jahre}} + \frac{200.000\ € + 30.000\ €}{2} \cdot 0,1 + (80.000\ € + 1.000\ € + 2.000\ €)$$

$$= 17.000\ € + 11.500\ € + 83.000\ € = 111.500\ €$$

Die Kosten der Alternative A sind kleiner als die Kosten der Alternative B. Wenn nur die Kosten als Entscheidungskriterien verwendet werden, dann würde der Investor die Alternative A bevorzugen.

In der Praxis spielen häufig auch die technischen Faktoren sowie der Service eine Rolle. Daher sollten stets auch qualitative Analysen zur Entscheidungsfindung herangezogen werden.

Ersatzproblem:
Wenn ein Unternehmer eine alte Maschine, einen Lkw oder Pkw ersetzen möchte, dann können die Kosten der alten Anlage mit den Kosten einer neuen Anlage verglichen werden. Im Rahmen der Entscheidung stehen die Brutto- und Nettomethode zur Verfügung.

Bruttomethode:

Neue Anlage: Kosten = Betriebskosten + Abschreibung + kalk. Zinsen

Alte Anlage: Kosten = Betriebskosten + Restwertminderung + Zinsverlust

$$\text{Restwertminderung der alten Anlage} = \frac{\text{Restwert zu Beginn der Restnutzungsdauer - Restwert am Ende der Restnutzungsdauer}}{\text{Restnutzungsdauer}}$$

$$\text{Zinsverlust der alten Anlage} = \frac{\text{Restwert zu Beginn der Restnutzungsdauer + Restwert am Ende der Restnutzungsdauer}}{2} \cdot i$$

Als Entscheidungsregel für einen **sofortigen Ersatz** bei einem Verlängerungsjahr der alten Anlage gilt:[1]

Grenzkosten der Altanlage > neu anfallende Durchschnittskosten der Neuanlage

Die Grenzkosten sind die zusätzlichen Kosten (ΔK), wenn die Altanlage ein Jahr ($\Delta t = 1$) weiter genutzt wird:

$$\frac{\Delta K}{\Delta t}$$

Es ist umstritten, ob der Kapitaldienst der alten Anlage bei der Entscheidungsfindung einbezogen wird. Daher wird häufig die kürzere Nettomethode angesetzt.

Nettomethode:
Kosten der neuen Anlage:
Betriebskosten

$$\text{Abschreibung} = \frac{\text{Anschaffungskosten neue Anlage - Restwert \textbf{alte} Anlage}}{\text{Nutzungsdauer neue Anlage}}$$

 ACHTUNG

Der Restwert der **alten** Anlage wird im Zähler des Bruches abgezogen.

---

[1] Vgl. *Däumler/Grabe*, 2007, S. 183.

$$\text{Kalk. Zinsen} = \frac{\text{Anschaffungskosten neue Anlage - Restwert \textbf{alte} Anlage}}{2} \cdot i$$

Kosten der alten Anlage:
Betriebskosten

Die Kosten der neuen Anlage werden mit den Kosten der alten Anlage verglichen. Die Alternative mit den niedrigeren Kosten wird gewählt.

Bei unterschiedlichen Leistungen der Investitionsalternativen sollte die Kostenvergleichsrechnung auf **Stückbasis** durchgeführt werden.

2.4.3 Rentabilitätsvergleichsrechnung

Die Rentabilitätsrechnung kann für folgende Fälle verwendet werden:

► Vergleich von Investitionsalternativen, um festzustellen, ob z. B. die Rentabilität von Investition A größer oder kleiner der Rentabilität von Investition B ist.

► Investoren erwarten eine bestimmte Mindestrentabilität bei einzelnen Investitionen oder Ersatzinvestitionen. Es ist zu prüfen, ob die Mindestrentabilität erreicht wird.

► Die subjektiv bestimmte Mindestrentabilität resultiert aus dem Vergleich mit alternativen Anlagemöglichkeiten. Zudem kann ein unternehmerisches Ziel (z. B. Gewinnmaximierung) die Mindestrentabilität einer Einzelinvestition bewirken, um die Effizienz (z. B. Kosten reduzieren) im Unternehmen voranzutreiben.

$$\text{Rentabilität} = \frac{\text{Gewinn oder Kostenersparnis}}{\text{durchschnittlich gebundenes Kapital}}$$

$$\text{Durchschnittlich gebundenes Kapital} = \frac{\text{Anschaffungskosten + Restwert}}{2}$$

Die Formel zur Rentabilität erscheint rechnerisch einfach, jedoch ergeben sich in der Praxis verschiedene Problembereiche.

►

$$\text{Gewinn} = \text{Umsatz - Kosten}$$

Der Umsatz stellt das Produkt aus Menge multipliziert mit dem Stückpreis dar. Wenn eine Maschine einen Output erzeugt, der direkt an den Kunden verkauft werden kann, dann existiert ein Absatzpreis. Kritisch wird es, wenn die Maschine Teil einer

Prozesskette ist und die Leistungen der Maschine an den nächsten Prozess geliefert werden. Dann kann der Gewinn nicht in der üblichen Weise ermittelt werden.

Wenn das Unternehmen einen Betriebsabrechnungsbogen mit einem internen Verrechnungssatz ermittelt, dann kann dieser statt des Absatzpreises verwendet werden. Allerdings fehlt vermutlich der Gewinnaufschlag, weil bei internen Verrechnungen zwischen Funktionsbereichen oder Prozessen dieser Aspekt diskussionswürdig ist.

► Eingesetztes Kapital[1]:

- Wenn der Restwert 0 ist und der Wert der Investition über die Zeit sinkt, dann kann es sinnvoll sein, durch den Ansatz „durchschnittlich gebundenes Kapital (AK/2)" eine näherungsweise Abbildung des Kapitaleinsatzes zu erreichen. Grundsätzlich müsste für jedes Jahr die Kapitalminderung berücksichtigt werden, jedoch werden dann die Formeln komplexer. Daher wird häufig die Rechenpraxis vereinfacht.

- Wenn die Anschaffungskosten ohne Durchschnittswertermittlung im Nenner der Rentabilitätsformel eingesetzt werden, dann wird lediglich die Rentabilität des ersten Nutzungsjahres berechnet.

Grundsätzlich wird die Investition gewählt, welche die höchste Rentabilität ausweist. Allerdings sollte die Rentabilitätsrechnung nicht das alleinige Kriterium für eine Entscheidung darstellen.

2.4.4 Gewinnvergleichsrechnung

Die Gewinnvergleichsrechnung kann bei Einzelinvestitionen, beim Vergleich zwischen zwei oder mehreren Investitionsalternativen sowie beim Ersatzproblem eingesetzt werden. Es wird die Investition gewählt, für welche der höchste Gewinn ermittelt wird.

$$\text{Gewinn} = \text{Umsatz} - \text{Kosten}$$

$$\text{Umsatz} = p \cdot x$$

p = Stückpreis; x = Menge

Kosten:

$$K(x) = K_f + k_v \cdot x$$

K_f = fixe Kosten

---

[1] Vgl. *Däumler/Grabe*, 2007, S. 197.

Zu den fixen Kosten gehören die Abschreibung, die kalkulat orischen Zinsen sowie Teile der Betriebskosten, wie z. B. Gehälter, Miete.

k_v = variable Stückkosten

Dazu gehören z. B. die Betriebsstoffe, die abhängig von der Menge sind.

Beispiel

Ein Unternehmer steht vor der Entscheidung, die Maschine A oder B zu wählen. Es liegen folgende Daten vor.

	Absatzpreis pro Stück	Variable Stückkosten	Fixkosten
Maschine A	100 €	50 €	10.000 €
Maschine B	80 €	20 €	30.000 €

Gewinnfunktion Maschine A:

$G(x)$ = Gewinn ist abhängig von der Menge x.
$G_A(x) = 100x - 50x - 10.000$
$G_B(x) = 80x - 20x - 30.000$

$G_A(x) = 50x - 10.000$
$G_B(x) = 60x - 30.000$

$G_A(x) = G_B(x)$
$50x - 10.000 = 60x - 30.000$
$10x = 20.000$
$x = 2.000$

Ab einer Stückzahl von 2.001 ist die Maschine B aufgrund des höheren Gewinns vorteilhafter.

Der Investor könnte sich noch die Frage stellen, ab welcher Menge die Maschine B Gewinn erzielt.

$G_B(x) = 60x - 30.000$
$G_B(x) = 0$
$60x - 30.000 = 0$
$x = 500$ Stück

Ab 501 Stück erzielt die Maschine B Gewinn.

Wie kann der Sachverhalt grafisch dargestellt werden?
Die variablen Stückkosten der Gewinnfunktion B sind größer als die der Gewinnfunktion A. Daher ist auch der Kurvenverlauf steiler. Die fixen Kosten werden im negativen Bereich der Ordinate abgetragen. Dieser Aspekt zeigt, dass die fixen Kosten durch verkaufte Absatzmengen „verdient" werden müssen.

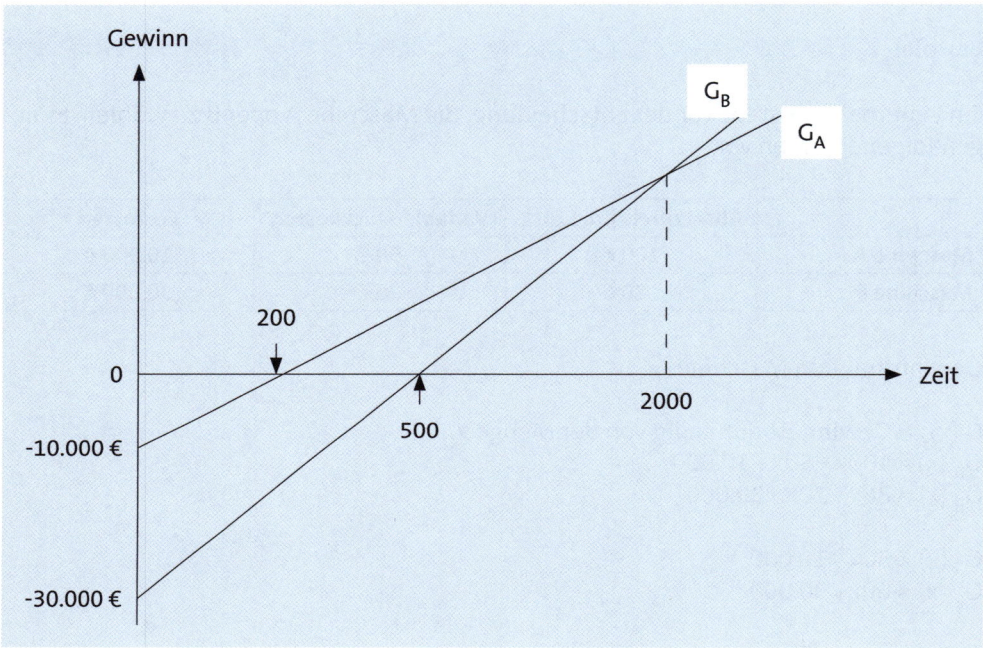

Abb. 6: Gewinnvergleichsrechnung

Zur Gewinnvergleichsrechnung sollten qualitative Analysen (z. B. Nutzwertanalyse) hinzugezogen werden.

2.4.5 Amortisationsvergleichsrechnung

Das zentrale Ziel der statischen Amortisationsrechnung (Pay-off-Rechnung, Pay-back-Rechnung) besteht darin, die Amortisationszeit zu bestimmen. Die Amortisationszeit stellt die Zahl der Jahre dar, um die Anschaffungsauszahlung einer Investition „wiederzugewinnen". Die statische Amortisationsrechnung kann für Einzelinvestitionen und Ersatzprobleme verwendet werden, um die rechnerisch ermittelte Amortisationszeit mit der „subjektiv definierten" Amortisationszeit zu vergleichen. Es besteht aber auch die Möglichkeit, dass Investitionsalternativen hinsichtlich der Amortisationszeiten verglichen werden. Es wird die Investition bevorzugt, deren Amortisationszeit kleiner ist, weil somit die Rückflüsse die Anschaffungsauszahlung schneller decken.

Es gibt verschiedene Möglichkeiten, die statische Amortisationszeit zu berechnen:

► Durchschnittsmethode

► Kumulationsmethode.

Durchschnittsmethode:

Beispiel

Eine Investition beinhaltet eine Anschaffungsauszahlung in Höhe von 100.000 €. Es wird mit einem jährlichen Netto-Rückfluss von **durchschnittlich** 20.000 € pro Jahr gerechnet.

$$\text{Statische Amortisationszeit } t_A = \frac{\text{Anschaffungsauszahlung}}{\text{durchschnittliche Netto-Einzahlungen}}$$

$$= \frac{100.000\ €}{20.000\ €\ \text{pro Jahr}} = 5\ \text{Jahre}$$

Nach fünf Jahren wird durch die Netto-Rückflüsse die Anschaffungsauszahlung „wiedergewonnen".

Kumulationsmethode – Standardfall:
Die jährlichen Netto-Rückflüsse werden addiert, bis die Anschaffungsauszahlung gedeckt ist.

Für das Amortisationsjahr gilt: **Kumulierte Netto-Rückflüsse = Anschaffungsauszahlung**.

Es werden nachschüssige Zahlungen angenommen. Das bedeutet, dass am Ende des Amortisationsjahres die Wiedergewinnung der Anschaffungsauszahlung erfolgt.

Die Kumulationsmethode sollte eingesetzt werden, wenn die jährlichen Netto-Rückflüsse unterschiedlich sind. Bei jährlich fallenden Nettoeinzahlungen ist die Amortisationszeit der Durchschnittsmethode größer als die der Kumulationsmethode. Bei steigenden Nettoeinzahlungen gilt der umgekehrte Fall.[1]

---

[1] Vgl. *Däumler/Grabe*, 2007, S. 216.

Beispiel

Eine Investition beinhaltet eine Anschaffungsauszahlung in Höhe von 100.000 €. Es wird mit einem Netto-Rückfluss im 1. Jahr von 30.000 €, im 2. Jahr von 50.000 € und in den folgenden 2 Jahren jeweils von 20.000 € gerechnet.

Jahr	Netto-Rückfluss	Kumulierter Netto-Rückfluss
1	30.000 €	30.000 €
2	50.000 €	80.000 €
3	20.000 €	**100.000 €**
4	20.000 €	120.000 €

Die Anschaffungsauszahlung der Investition in Höhe von 100.000 € wird nach drei Jahren wiedergewonnen. Im Rahmen der Durchschnittsmethode liegt die Amortisationszeit bei 3,33 Jahren

$$\left(\frac{30.000 \text{ € } + 50.000 \text{ € } + 20.000 \text{ € } + 20.000 \text{ €}}{4 \text{ Jahre}} = 30.000 \text{ €/Jahr;}\right.$$

$$t = \frac{100.000 \text{ €}}{30.000 \text{ € pro Jahr}} = 3,33 \text{ Jahre).}$$

Kumulationsmethode mit „regula falsi":

Beispiel

Es wird das gleiche Beispiel wie bei der Standardmethode der Kumulationsrechnung unterstellt. Allerdings betragen die Netto-Rückflüsse im 3. und 4. Jahr jeweils 15.000 €.

Jahr	Netto-Rückfluss	Kumulierte Netto-Rückflüsse abzüglich Anschaffungsauszahlung
1	30.000 €	30.000 € - 100.000 € = - 70.000 €
2	50.000 €	- 20.000 €
3	15.000 €	- 5.000 € = W3
4	15.000 €	+ 10.000 € =W4

Die Amortisationszeit liegt zwischen dem 3. und 4. Jahr. Um zwischen den beiden Jahren eine Lösung zu finden, wird die Methode der Interpolation oder „regula falsi" verwendet. Der Begriff „regula falsi" bedeutet „Regel des Falschen" und soll auf eine Näherungslösung hindeuten (siehe auch Abschnitt 2.5.3 „Interner Zinsfuß").

$$\text{Amortisationszeit } t = n_3 - W3 \frac{n_4 - n_3}{W_4 - W_3} = 3 - (- 5.000) \frac{1}{10.000 - (- 5.000)} = 3,33 \text{ Jahre}$$

Im Rahmen der Kumulationsmethode mit „regula falsi" ergibt sich eine Amortisationszeit von 3,33 Jahren. In der nachfolgenden Abb. 7 wird der Sachverhalt grafisch dargelegt.

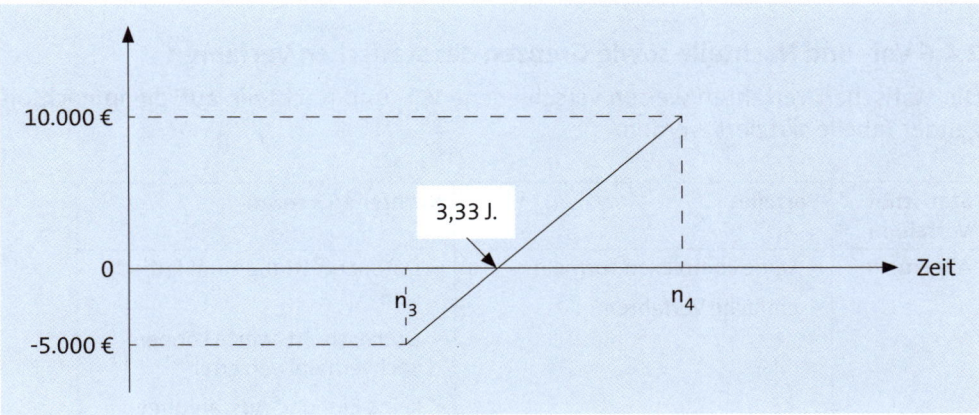

Abb. 7: Kumulationsmethode mit „regula falsi"

Ein Vergleich mit der Durchschnittsmethode ergibt, dass die Amortisationszeit bei 3,64 Jahren liegt

$$\left(\frac{\text{Durchschnittliche}}{\text{Netto-Rückflüsse}} = \frac{30.000 \text{ € } + 50.000 \text{ € } + 15.000 \text{ € } + 15.000 \text{ €}}{4} = 27.500 \text{ €/Jahr;}\right.$$

$$t = \frac{100.000 \text{ €}}{27.500 \text{ € pro Jahr}} = 3,64 \text{ Jahre).}$$

Bei tendenziell fallenden Netto-Rückflüssen liegt die Amortisationszeit der Durchschnittsmethode über der Amortisationszeit der Kumulationsmethode.

Amortisationsrechnung unter Berücksichtigung der Abschreibung:[1]
Die obigen Methoden zur Bestimmung der Amortisationszeit unterstellten Zahlungsgrößen. Bei den statischen Verfahren sind die Kosten und Leistungen maßgeblich. Daher werden mit nachfolgender Formel der Gewinn und die Abschreibung zur Berechnung der statischen Amortisationszeit herangezogen.

$$\text{Amortisationszeit } t = \frac{\text{Anschaffungskosten}}{\text{durchschnittlicher Gewinn + Abschreibung}}$$

Die Abschreibung wird als Finanzierungskomponente (Kapitalfreisetzungseffekt) betrachtet, weil die Abschreibung über die Umsätze zurückfließt. Die Summe der zurück-

---

[1] Vgl. *Däumler/Grabe*, 2007, S. 214 - 215.

geflossenen Abschreibungen sollte den originären Anschaffungskosten entsprechen. Die Abschreibung ist nur ein Teil der Wiedergewinnung, da die Gewinne auch zur Deckung der Anschaffungskosten beitragen.

2.4.6 Vor- und Nachteile sowie Grenzen der statischen Verfahren

Die statischen Verfahren weisen verschiedene Vor- und Nachteile auf, die in nachfolgender Tabelle skizziert werden.

Statisches Verfahren	Vorteile	Nachteile/Grenzen
Allgemein	► keine komplexen Formeln ► einfache Verfahren.	► Datenermittlung kann kritisch sein ► Durchschnittswerte können Sachverhalte verzerren ► keine Ein- und Auszahlungen sowie keine finanzmathematischen Ansätze, um die Verzinsung adäquat zu erfassen ► Betrachtung nur einer Periode bzw. kurzfristige Periodenbetrachtungen.
Kostenvergleichsrechnung	Für Alternativenvergleich und Ersatzinvestitionen einsetzbar.	► Annahme einer Kostenkonstanz über längere Zeiträume, die unrealistisch sein kann ► Gleiche Erträge bei alternativen Investitionen werden angenommen. ► Unterschiedlicher Stand der Technik wird bei Investitionsalternativen nicht explizit berücksichtigt.
Rentabilitätsrechnung	► erste Orientierungsmöglichkeit, um Auswirkungen von Rationalisierungsmaßnahmen auf die Rentabilität zu beobachten ► zur Aufstellung von betrieblichen Zielen anhand von Mindestrenditen geeignet.	► Absatzpreise können der Investition nicht direkt zugerechnet werden, wenn die Anlage Teil einer Prozesskette ist. ► Annahme eines konstanten Gewinns kritisch ► Bei unterschiedlichen Nutzungsdauern und/oder Anschaffungskosten sollten → *Differenzinvestitionen* eingesetzt werden, die wiederum kritisch sind.

Statisches Verfahren	Vorteile	Nachteile/Grenzen
Gewinn-vergleichs-rechnung	► Berücksichtigung der Erlöse ► Information, ab welcher Menge die Anlage einen Gewinn erzeugt ► Rolle der fixen Kosten beobachtbar.	► keine Aussagen über Rentabilität und Kapitaleinsatz ► meist unterstellte Linearität zwischen Gewinn und Menge.
Amorti-sations-rechnung	► erste Information, wann die Netto-Rückflüsse die Anschaffungsauszahlung wiedergewinnen ► Mit der Amortisationszeit können Ziele aufgestellt werden.	► Kurze Amortisationszeiten bedeuten nicht, dass die Investition wirtschaftlich ist. ► Bei gleicher Amortisationszeit und unterschiedlichen Netto-Rückflüssen können verschiedene Wirtschaftlichkeiten der Investitionsobjekte entstehen. ► Durchschnittsmethode ist ungenau ► Langfristige Investitionen werden häufig verworfen, weil eine subjektiv maximale Amortisationszeit definiert wird, ohne die positiven langfristigen Wirkungen der Investition zu berücksichtigen. ► keine Berücksichtigung der Verzinsung von Rückflüssen ► subjektive Bestimmung der Amortisationszeit als Ziel.

2.5 Dynamische Verfahren

2.5.1 Grundlegendes

Während die statischen Verfahren (Ausnahme: partiell statische Amortisationsrechnung) mit den Begriffen → **Kosten** und → **Leistungen** agieren, werden bei den dynamischen Verfahren nur → **Ein- und Auszahlungen** eingesetzt. Das bedeutet, dass beispielsweise bei den dynamischen Verfahren keine Abschreibung ausgewiesen wird, weil keine Auszahlung damit verbunden wird. Zur Entscheidungsfindung sollten sowohl die statischen und dynamischen Verfahren als auch die Nutzwertanalyse eingesetzt werden, wenn die Daten- und Informationslage sowie die Entscheidungssituation dies ermöglichen.

 **MERKE**

Eine Investitionsentscheidung sollte nicht nur mit einem Investitionsrechenverfahren getroffen werden.

2.5.2 Kapitalwertmethode

In **>>** Kapitel 2.3.1.1 wurde die Methode des Abzinsens einer Zahlungsreihe auf den Barwert (Gegenwartswert) dargelegt. Der Kapitalwert stellt die Differenz zwischen der Summe der Barwerte und den Anschaffungsauszahlungen dar.

> Kapitalwert = Summe der Barwerte - Anschaffungsauszahlung

Beispiel

Ein Unternehmer beabsichtigt, einen Automaten für die Fertigung in Höhe von 100.000 € zu kaufen. Er rechnet die nächsten 5 Jahre mit jeweils 30.000 € Netto-Einzahlungen bei einem Kalkulationszinssatz von 3 %.

Da konstante Zahlungen vorliegen, wird der Diskontierungssummenfaktor (DSF) eingesetzt.

DSF (3 %, 5 Jahre) = 4,579707
Summe der Barwerte = 30.000 € • 4,579707 = 137.391,21 €
Kapitalwert = 137.391,21 € - 100.000 € = 37.391,21 €

Der Kapitalwert ist positiv, da er **größer 0** ist. Somit „lohnt" sich die Investition, weil

► ein Überschuss erzielt,

► die (subjektive) Mindestverzinsung von 3 % erreicht und

► die Anschaffungsauszahlung durch die Netto-Einzahlungen rückerstattet wird.

Wenn der Kapitalwert kleiner 0 ist, dann wird kein Überschuss erzielt, die subjektive Mindestverzinsung nicht erreicht und die Anschaffungsauszahlung durch die Netto-Einzahlungen nicht gedeckt.

Wenn der Kapitalwert **gleich 0** ist, dann lohnt sich die Investition, weil

► die (subjektive) Mindestverzinsung erreicht und

► die Anschaffungsauszahlung durch die Netto-Einzahlungen gedeckt wird.

2.5.3 Interne Zinsfußmethode

Wenn der Kapitalwert gleich 0 ist, dann kann der interne Zinsfuß (Effektivverzinsung) einer Investition ermittelt werden. Wenn die Zahlungsreihe mehr als 2 Jahre beinhaltet, dann ist die mathematische Auflösung der Kapitalwertfunktion schwierig. Daher verwendet man eine Näherungslösung („regula falsi"; Regel des Falschen), indem man mit einer Sehne die Potenzfunktion ersetzt.[1] Das nachfolgende Beispiel soll den Sachverhalt erläutern.

Beispiel

Ein Investor plant, eine Maschine mit einer Anschaffungsauszahlung in Höhe von 100.000 € zu beschaffen. Er rechnet die nächsten 5 Jahre mit jeweils 30.000 € Netto-Einzahlungen bei einem Kalkulationszinssatz von 3 %.

Für die Ermittlung des internen Zinsfußes sind ein positiver und ein negativer Kapitalwert erforderlich. Durch entsprechende Wahl zweier Versuchszinssätze werden die Kapitalwerte ermittelt.

▸ **1. Schritt:** Der Kapitalwert (C_{01}) beträgt + 37.391,21 € (siehe Beispiel ≫ Kapitel 2.5.2). Es liegt ein **positiver** Kapitalwert vor.

▸ **2. Schritt:** Es wird angenommen, dass der Risikozuschlag deutlich erhöht wird, weil aufgrund eines Worst-Case-Szenarios mit einem erhöhten Risiko gerechnet wird. Daher wird der Kalkulationszinssatz auf 20 % festgelegt. Der DSF bei 5 Jahren und 20 % beträgt 2,990612. Kapitalwert (C_{02}) = 30.000 € • 2,990612 - 100.000 € = - 10.281,64 €

Es liegt ein **negativer** Kapitalwert vor.

▸ **3. Schritt:** Nun werden die Zinssätze und Kapitalwerte in die folgende Formel eingesetzt:

$$r = i_1 - C_{01} \frac{i_2 - i_1}{C_{02} - C_{01}}$$

$$= 0{,}03 - 37.391{,}21 \text{ €} \frac{0{,}20 - 0{,}03}{- 10.281{,}64 \text{ €} - 37.391{,}21 \text{ €}} = 0{,}1633$$

Der interne Zinsfuß r liegt aufgrund des Näherungsverfahrens „regula falsi" bei (approximativ) 16,33 %. An der Nullstelle der Sehne (Strecke AB) ist der Kapitalwert 0 (Abb. 8). Die Abweichung zur Nullstelle der Kapitalwertfunktion ist umso geringer, je mehr sich die Kapitalwerte dem Nullwert nähern. Das bedeutet, dass ein jeweils kleiner positiver und negativer Kapitalwert zur „wahren Lösung" des internen Zinsfußes führt.

---

[1] Vgl. *Däumler/Grabe*, 2007, S. 99.

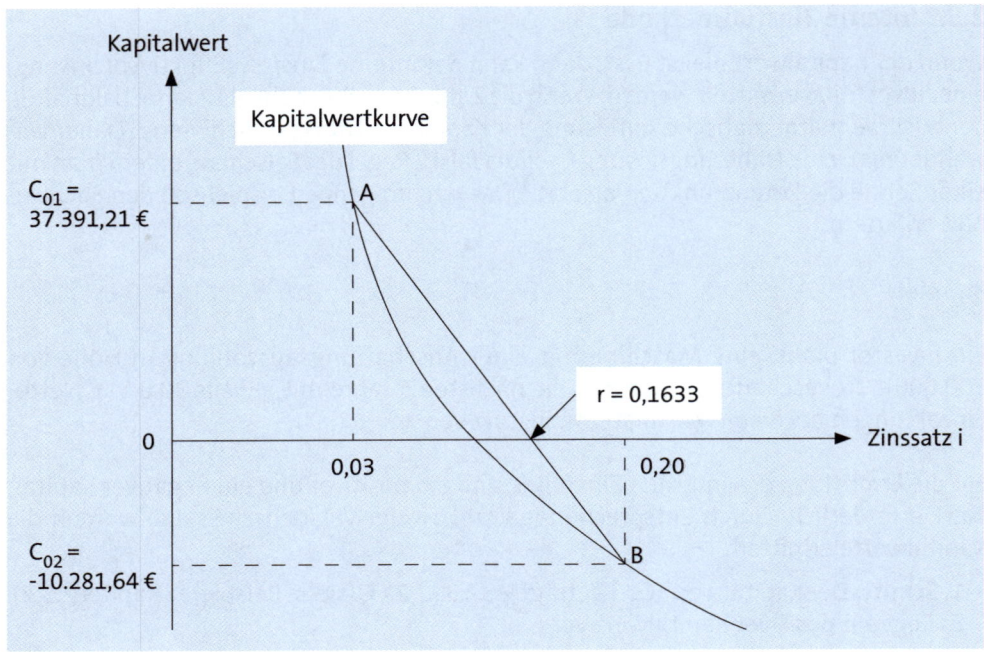

Abb. 8: Interner Zinsfuß und „regula falsi"

2.5.4 Annuitätenrechnung

Im ≫ Kapitel 2.3.1.2 wurden der Kapitalwiedergewinnungsfaktor (Annuitätenfaktor) sowie der Restwertverteilungsfaktor dargelegt, um Annuitäten zu berechnen. Eine Annuität stellt eine Rente dar, die durch einen gleichbleibenden Betrag innerhalb eines Zeitraumes mit gleichmäßigen Zeitabständen (Äquidistanz) gekennzeichnet ist.

Die Annuitätenrechnung kann zur Berechnung von

- Annuitätendarlehen (siehe ≫ Kapitel 2.3.2),
- Verrentung von Lebensversicherungen oder z. B.
- zur gleichmäßigen Verteilung von Nettoeinzahlungen über die Laufzeit einer Investition

verwendet werden.

Eine Investition lohnt sich, wenn die durchschnittlichen jährlichen Einzahlungen größer sind als die durchschnittlichen jährlichen Auszahlungen.

Beispiel

Ein Unternehmer plant eine Investition. Es sollen die durchschnittlichen Netto-Einzahlungsüberschüsse der Investition pro Jahr berechnet werden (Kalkulationszinssatz 5 %). Er prognostiziert für die nächsten 5 Jahre folgende Netto-Einzahlungsüberschüsse:

Jahre	1	2	3	4	5
Netto-Einzahlungsüberschüsse	40.000 €	60.000 €	30.000 €	20.000 €	10.000 €

▶ **1.Schritt:** Ermittlung der Barwerte durch Abzinsen

Jahre	Barwerte
1	40.000 € · 0,952381 = 38.095,24 €
2	60.000 € · 0,907029 = 54.421,74 €
3	30.000 € · 0,863838 = 25.915,14 €
4	20.000 € · 0,822702 = 16.454,04 €
5	10.000 € · 0,783526 = 7.835,26 €
Summe	142.721,42 €

▶ **2. Schritt: Gleichmäßige** Verteilung der Barwerte auf 5 Jahre

KWF (5 %, 5 Jahre) = 0,230975

Annuität = 142.721,42 € · 0,230975 = 32.965,08 €

Die **durchschnittlichen** unter **finanzmathematischen** Bedingungen ermittelten Netto-Einzahlungsüberschüsse betragen pro Jahr 32.965,08 €.

Wie würden die durchschnittlichen Netto-Einzahlungsüberschüsse ohne Finanzmathematik gestaltet werden? Man könnte das arithmetische Mittel einsetzen.

$$\text{Arithmetische Mittel} = \frac{40.000\ € + 60.000\ € + 30.000\ € + 20.000\ € + 10.000\ €}{5\ \text{Jahre}} = 32.000\ €$$

Es liegt eine tendenziell fallende Zahlungsreihe vor. Der finanzmathematische Durchschnitt unter Berücksichtigung von Zins und Zinseszins (verzinsliche Anlage der Rückflüsse unterstellt) liegt mit 32.965,08 € über dem arithmetischen Mittel von 32.000 €. Bei steigenden Zahlungsreihen liegt der finanzmathematische Durchschnitt unter dem arithmetischen Mittel.

2.5.5 Dynamische Amortisationsrechnung

Die dynamische Amortisationsrechnung zeichnet sich dadurch aus, dass sie im Gegensatz zur statischen Amortisationsrechnung (siehe >> Kapitel 2.4.5) eine **Verzinsung** berücksichtigt. Grundsätzlich gibt es zwei Berechnungsmöglichkeiten:

► Kumulationsmethode

► Durchschnittsmethode.

Beispiel

Kumulationsmethode
Ein Unternehmer plant eine Investition in Höhe von 100.000 € mit einer Nutzungsdauer von 5 Jahren. Er schätzt, dass pro Jahr 30.000 € Nettoeinzahlungen resultieren. Wie hoch ist die dynamische Amortisationsdauer bei einem Kalkulationszinssatz von 5 %?

► **1. Schritt:** Kumulierte barwertige Rückflüsse berechnen.

► **2. Schritt:** Die dynamische Amortisationsdauer liegt bei einer Anschaffungsauszahlung von 100.000 € zwischen dem 3. und 4. Jahr. Es wird die Formel zu „regula falsi" verwendet.

$C_{01} = 81.697,44 \text{ € } - 100.000 \text{ € } = -18.302,56 \text{ €}$

$C_{02} = 106.378,50 \text{ € } - 100.000 \text{ € } = 6.378,50 \text{ €}$

$$\text{Dynamische Amortisationszeit} = n_1 - C_{01} \frac{n_2 - n_1}{C_{02} - C_{01}}$$

$$= 3 - (-18.302,56 \text{ €}) \frac{4 - 3}{6.378,50 + 18.302,56} = 3,74 \text{ Jahre}$$

Jahre	Rückflüsse	Kumulierte Rückflüsse	Barwertige Rückflüsse	Kumulierte barwertige Rückflüsse
1	30.000 €	30.000 €	28.571,43 €	28.571,43 €
2	30.000 €	60.000 €	27.210,87 €	55.782,30 €
3	30.000 €	90.000 €	25.915,14 €	81.697,44 €
4	30.000 €	120.000 €	24.681,06 €	106.378,50 €
5	30.000 €	150.000 €	23.505,78 €	129.884,28 €

Der Investor gewinnt die Anschaffungskostenauszahlung sowie die Verzinsung der ausstehenden Rückflüsse von 5 % nach 3,74 Jahren wieder.

Beispiel

Durchschnittsmethode

Es gelten die Daten des Beispiels der Kumulationsmethode.

▶ **1. Schritt:** Bildung einer Annuität der Barwertsumme

Barwertsumme = 129.884,28 €

Der Kapitalwiedergewinnungsfaktor bei 5 % und 5 Jahren beträgt 0,230975.

Annuität = 0,230975 • 129.884,28 € = 30.000 €

Dieses Ergebnis überrascht nicht, da die Rückflüsse bereits konstant waren. Dennoch soll die grundsätzliche Vorgehensweise aufgezeigt werden.

▶ **2. Schritt:** Division der Anschaffungsauszahlung durch die Annuität

100.000 € : 30.000 € = 3,33 Jahre

Dieses Ergebnis ist deckungsgleich mit dem Ansatz der statischen Amortisationsrechnung (Anschaffungsauszahlungen dividiert durch durchschnittliche Nettoeinzahlungen), da die Nettoeinzahlungen konstant sind.

Die dynamische Amortisationszeit kann subjektiv vorgegeben werden. Die dynamische Amortisationszeit ist vorteilhaft, wenn sie unter der subjektiven Vorgabe liegt. Die dynamische Amortisationszeit entspricht einem Kapitalwert von 0, wenn die Kapitalwertfunktion nach der Zeit aufgelöst wird.[1]

2.5.6 Vorteile und Nachteile

Die dynamischen Verfahren beinhalten verschiedene ausgewählte Vor- und Nachteile, die nachfolgend dargelegt werden.

Vorteile	Nachteile/Grenzen
▶ Berücksichtigung der Verzinsung unter finanzmathematischen Gesichtspunkten ▶ Der Schwerpunkt der Berechnung liegt bei den Ein- und Auszahlungen, sodass die Liquidität beobachtet wird. ▶ Es können verschiedene Szenarien mit unterschiedlichen Kalkulationszinssätzen gebildet werden, sodass Faktoren zur Vorteilhaftigkeit der Investition diskutiert werden können. ▶ Die Ein- und Auszahlungen späterer Perioden können in einer Basisperiode (z. B. Nullperiode) verglichen werden.	▶ Die dynamischen Verfahren berücksichtigen keine Abschreibung, weil sie keine Auszahlung darstellt. ▶ Über größere Zeiträume sind große Unsicherheiten hinsichtlich der Plausibilität der geschätzten Daten vorhanden. ▶ Es wird unterstellt, dass die Rückflüsse wieder verzinslich angelegt werden. Insbesondere in einer (nahezu) Nullzinsphase ist dieser Aspekt problematisch. ▶ Der Kalkulationszinssatz ist kritisch, weil der Risikoaufschlag überwiegend subjektiv geschätzt ist. Zudem sind die Haben-Zinssätze je nach unterstellter Anlagealternative unterschiedlich.

---

[1] Vgl. *Däumler/Grabe*, 2007, S. 227 - 228.

2.6 Kritische-Werte-Rechnungen

Der kritische Wert einer Investition stellt den Wert einer Variablen dar, bei dem sich eine Investition gerade noch lohnt. Zu den Variablen zählen z. B.

► Anschaffungsauszahlung

► Stückpreise

► Mengen

► Kosten.

Die Kritische-Werte-Rechnung stellt eine **Sensitivitätsanalyse** dar, mit der die Abweichungen der Werte der Variablen beobachtet werden können, um zu beurteilen, ob sich eine Investition (gerade noch) lohnt. Wann lohnt sich eine Investition gerade noch?[1]

► Kapitalwertmethode: Kapitalwert = 0

► Interne Zinsfußmethode: Der interne Zinsfuß r entspricht bei der Kapitalwertfunktion dem Kalkulationszinssatz i genau in der Nullstelle bzw. approximativ an dem Schnittpunkt Sehne und Abzisse („regula falsi"). Dieses Verfahren ist sehr aufwendig für die Kritische-Werte-Rechnung.

► Annuitätenmethode: Durchschnittliche jährliche Einzahlung = durchschnittliche jährliche Auszahlungen

In den nachfolgenden Beispielen werden eine **lineare** Kapitalwertfunktion sowie eine lineare Funktion des durchschnittlichen jährlichen Überschusses unterstellt.

Beispiel

Ermittlung der kritischen Menge – Kapitalwertmethode

Die Wind-Play GmbH plant, kleine Windkraftwerke für den Garten herzustellen. Der Stückpreis wird auf 500 € festgelegt. Hierzu sollen Anschaffungsauszahlungen für die Investition in Höhe von 300.000 € ausgegeben werden. Der Kalkulationszinssatz wird inkl. eines Risikozuschlags auf 5 % festgelegt. Für die jährliche Produktion wird folgende Kostenfunktion verwendet: K_n = 3.000 - 200x. Aufgrund des technischen Fortschritts wird die Produktion erst einmal auf 5 Jahre ausgerichtet.

Bearbeitungsschritte:

► **1. Schritt:** Visualisierung des Sachverhalts am Zeitstrahl

Basisperiode n_0	n_1	n_2	n_3	n_4	n_5
- 300.000 €	+ 500x	+ 500 x	+ 500x	+ 500x	+ 500x
	- 200x	- 200x	- 200x	- 200x	- 200x
	- 3.000 €	- 3.000 €	- 3.000 €	- 3.000 €	- 3.000 €

x = Menge

---

[1] Vgl. *Däumler/Grabe*, 2007, S. 234.

▶ **2. Schritt:** Aufstellen der Kapitalwertfunktion

> Kapitalwert = Summe der Barwerte - Anschaffungsauszahlung

Der Diskontierungssummenfaktor (DSF) wird eingesetzt, um konstante Zahlungen aus der Zukunft (Jahre 1 bis 5) in die Gegenwart (Basisperiode) zu transformieren.

$C_0 = (500x - 200x - 3.000) \cdot DSF_5 - 300.000$

▶ **3. Schritt:** Kapitalwert gleich 0 setzen

$0 = (300x - 3.000) \cdot 4,329477 - 300.000 = 1.298,84x - 12.988,43 - 300.000$
$= 1.298,84 \, x = 312.988,43$
$x = 240,98 \, (241 \, Stück)$

Die Wind-Play GmbH muss mindestens 241 Stück an kleinen Windkraftwerken herstellen, damit sich die Investition in Höhe von 300.000 € lohnt.

▶ **4. Schritt:** Grafische Darstellung

Kapitalwertfunktion $C_0 = 1.298,84 \, x - 312.988,43$

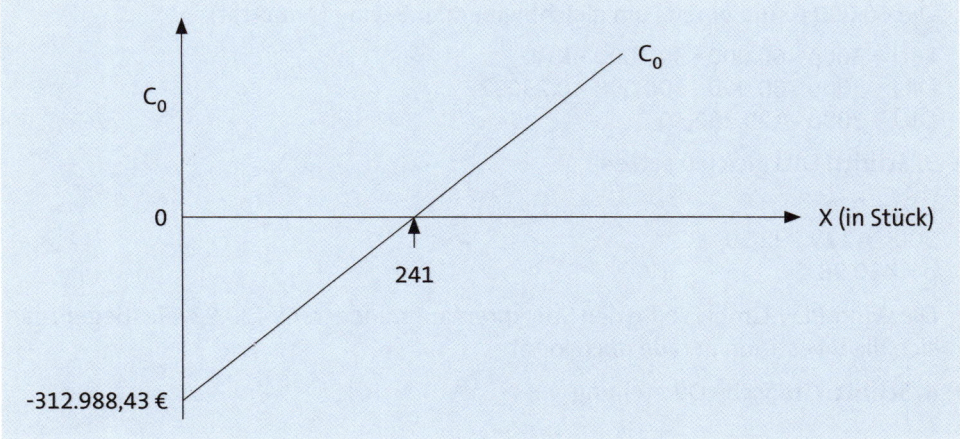

Eine weitere Möglichkeit, den kritischen Wert einer Investition zu ermitteln, besteht in der Annuitätenmethode. Im nachfolgenden Beispiel soll der Verkaufspreis berechnet werden, damit sich die Investition lohnt.

Beispiel

Ermittlung des kritischen Verkaufspreises – Annuitätenmethode
Der Controller der Wind-Play GmbH überlegt, ob der Verkaufspreis geeignet ist, damit eine lohnende Investition vorliegt. Es werden folgende Daten verwendet:

Anschaffungsauszahlung 300.000 €, Kalkulationszinssatz 5 %, $K_n = 3.000 - 200x$

Es sollen 300 Stück kleine Windkraftanlagen pro Jahr verkauft werden. Der Controller wendet alternativ zur Kapitalwertmethode die Annuitätenmethode an.

Berechnungsschritte:

▶ **1. Schritt:** Visualisierung des Sachverhalts am Zeitstrahl

Basisperiode n_0	n_1	n_2	n_3	n_4	n_5
- 300.000 €	+ 300p	+ 300p	+ 300p	+ 300p	+ 300p
	- 200x = - 60.000 €	- 200x = - 60.000 €	- 200x = - 60.000 €	- 200x = - 60.000 €	- 200x = - 60.000 €
	- 3.000 €	- 3.000 €	- 3.000 €	- 3.000 €	- 3.000 €

p = Stückpreis; x soll 300 Stück sein.

▶ **2. Schritt:** Aufstellen der Funktion

> Durchschnittlicher jährlicher Überschuss (DJÜ) = durchschnittliche jährliche Einzahlung (DJE) - durchschnittliche jährliche Auszahlung (DJA)

Der Kapitalwiedergewinnungsfaktor (KWF) wird verwendet, damit die Anschaffungs-auszahlung von der Gegenwart über die 5 Jahre gleichmäßig verteilt wird (Annuität). Die 60.000 € sind bereits ein gleichbleibender Betrag (Annuität).

DJÜ = 300p - 60.000 - 300.000 · KWF_5
DJÜ = 300p - 60.000 - 300.000 · 0,230975
DJÜ = 300p - 129.292,50

▶ **3. Schritt:** DJÜ gleich 0 setzen

DJÜ = 0
300p = 129.292,50
p = 430,98 €

Die Wind-Play-GmbH sollte den Stückpreis auf mindestens 430,98 € festlegen, damit sich die Investition gerade noch lohnt.

▶ **4. Schritt:** Grafische Darstellung

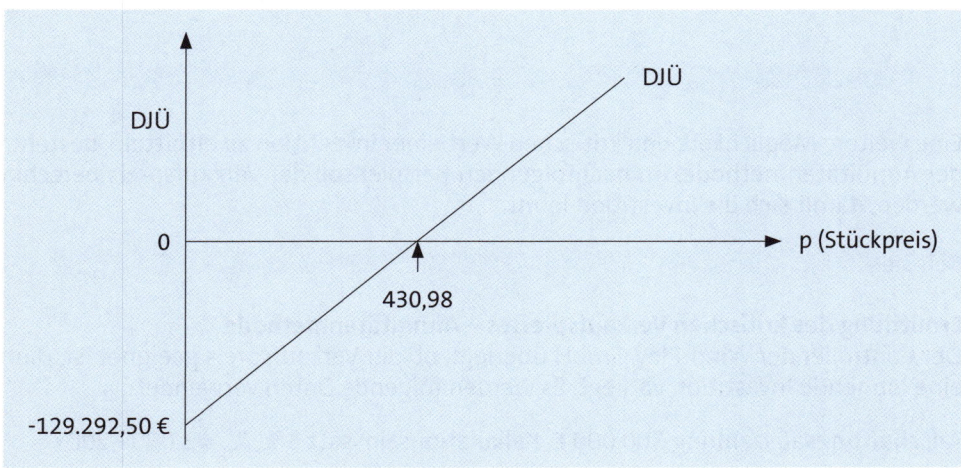

2.7 Auswirkungen von Investitionen auf Working Capital

Das Working Capital ist wie folgt definiert:

Working Capital = Umlaufvermögen - kurzfristiges Fremdkapital

Wenn durch eine Investition das Anlagevermögen ansteigt, dann können mehrere Auswirkungen auf das Working Capital festgestellt werden. Die unten stehende Bilanz soll den Sachverhalt unterstützend verdeutlichen.

AKTIVA		Bilanz vor Investition	PASSIVA
Anlagevermögen	100	Eigenkapital	140
Umlaufvermögen		Fremdkapital	
Roh-, Hilfs- und Betriebsstoffe	30	Langfristiges Fremdkapital	40
Fertige und unfertige Erzeugnisse	10	Kurzfristiges Fremdkapital	100
Forderungen aus Lieferung			
und Leistung	40		
Bank	90		
Kasse	10		
	280		280

Working Capital **vor** der Investition:

Umlaufvermögen (UV) - kurzfristiges Fremdkapital (KFK)

= 180 - 100 = 80

Aktivitäten	Wirkung auf Working Capital
1. Phase: Bei einem Kauf der Investition (20) auf Ziel steigt das kurzfristige Fremdkapital an, da die Verbindlichkeiten aus Lieferung und Leistung zunehmen.	Working Capital (WC) sinkt, da Umlaufvermögen konstant: WC = 180 - 120 = 60
2. Phase: Die Verbindlichkeit wird durch Zahlung (20) über die Bank beglichen. Die kurzfristigen Verbindlichkeiten werden durch die Zahlung um 20 Einheiten weniger.	Working Capital bleibt konstant: WC = 160 - 100 = 60
3. Phase: Durch die zusätzliche Investition werden zusätzliche Roh-, Hilfs- und Betriebsstoffe (10) benötigt.	a) Barzahlung per Kasse; Working Capital bleibt konstant: WC = 160 - 100 = 60 b) Kauf der RHB auf Ziel: WC = 170 - 110 = 60 Working Capital bleibt konstant

Aktivitäten	Wirkung auf Working Capital
4. Phase: Durch die zusätzliche Investition werden zusätzliche Rückflüsse anhand von gestiegenen Umsätzen erzeugt. Dies kann dazu führen, dass die Liquidität (z. B. Bank) ansteigt (z. B. 40). Alle anderen Positionen, welche die Working-Capital-Positionen betreffen, bleiben gleich.	Umlaufvermögen steigt um 10 Einheiten an. WC = 210 - 110 = 100 Working Capital steigt

Die Kennzahl Working Capital ist umstritten. Zwar kann man aufgrund des oben dargestellten Falls ableiten, dass durch zunehmende Investitionen das Working Capital auf längere Frist steigt, jedoch wirken sehr viele Positionen in die Berechnung ein, sodass die Interpretationen zum Working Capital vorsichtig betrachtet werden sollten.

 **MERKE**

- ► Um Investitionsrechnungen durchführen zu können, müssen verschiedene Daten z. B. aus der Finanzbuchhaltung, der Marketingabteilung und/oder Produktionsabteilung beschafft werden: Anschaffungskosten gemäß § 255 HGB, Wiederbeschaffungswert, Restwert, kalkulatorische Zinsen, Betriebskosten, Absatzmenge, Stückpreis usw.

- ► Die beschafften Daten für die Investitionsrechnung müssen z. B. auf Verlässlichkeit, Vollständigkeit geprüft werden.

- ► Die eingesetzten Daten für die Investitionsrechnung unterliegen häufig Schätzungen und Prognosen, bei denen unterstellt wird, dass die Bedingungen der Vergangenheit auch für die Zukunft gelten. Da die Umfeldbedingungen der Unternehmen zunehmend dynamisch sind, sollten Szenarien für die prognostizierten Daten gebildet werden.

- ► Die Auswahl des Verfahrens für die statische und dynamische Investitionsrechnung ist davon abhängig, ob ein Ersatzproblem z. B. für eine Maschine, ein Alternativenvergleich oder z. B. die Rentabilität einer Investition untersucht werden soll.

- ► Es gibt verschiedene Investitionsarten: z. B. Sachanlagen, Finanzinvestitionen, immaterielle Investitionen, Ersatz- und Erweiterungsinvestitionen.

- ► Investitionen wirken im Jahresabschluss, weil das Anlagevermögen erhöht wird und durch die Abschreibung der Gewinn sinkt. Zudem werden durch Investitionen die Kennzahlen verändert, z. B. steigt die Anlageintensität. In der Kostenrechnung steigt durch Investitionen der Fixkostenblock, und somit verschiebt sich z. B. die Break-Even-Menge.

- ► Der Gegenwartswert (Barwert) kann über n Perioden unter Berücksichtigung von Zinseszinsen zu einem Endwert aufgezinst werden.

- ► Durch das Abzinsen von Zahlungen werden die Zahlungen jeder Periode in der Basisperiode aufgrund der Verzinsung erst vergleichbar.

► Der Analytiker sollte beim Auf- und Abzinsen die Zahlungsreihe visualisieren. Zudem sollten folgende Fälle unterschieden werden:

- konstante oder unterschiedliche Zahlungen

- von der Gegenwart in die Zukunft (Aufzinsen)

- von der Zukunft in die Gegenwart (Abzinsen)

► Eine Rente (Annuität) stellt eine gleichbleibende Zahlung über gleichmäßig verteilte Zeitabstände dar. Wenn ein Kapitalwert der Basisperiode über zukünftige Perioden mit einer Annuität verteilt wird, nutzt man den Kapitalgewinnungsfaktor (KWF).

► Die Annuitäten der Zukunft, ausgehend von einem Endwert in der n-ten Periode, berechnet man durch Einsatz eines Restwertverteilungsfaktors für die vor der n-ten Periode liegenden Perioden.

► Im Rahmen der Kredittilgung werden drei Arten unterschieden:

- konstante Tilgungsraten über die Laufzeit eines Abzahlungsdarlehens

- Beim Blocktilgungsdarlehen wird die Tilgung am Ende der Laufzeit erst fällig.

- Im Rahmen des Annuitätendarlehens steigt die Tilgung über die Laufzeit, während die Zinsen pro Periode sinken. Der Kapitaldienst (Annuität = Zinsen und Tilgung) bleibt konstant.

► Die Effektivverzinsung eines Darlehens oder eines Wertpapieres ist höher als die Nominalverzinsung, weil z. B. Disagio oder eine unterjährige Verzinsung einberechnet werden muss.

► Bei den statischen Verfahren werden zur Berechnung die Kosten und Leistungen herangezogen. Lediglich bei der statischen Amortisationsrechnung werden teilweise die zahlungsorientierten Größen verwendet. Zu den statischen Verfahren gehören die Kostenvergleichsrechnung, die Rentabilitätsrechnung, die Gewinnvergleichsrechnung und die Amortisationsrechnung.

► Die statischen Verfahren zeichnen sich dadurch aus, dass keine komplexen Formeln zur Berechnung eingesetzt werden. Auf der anderen Seite werden z. B. nur eine Periode, Durchschnittswerte sowie keine Verzinsung betrachtet.

► Bei den dynamischen Verfahren werden nur zahlungsorientierte Größen eingesetzt. Dazu zählen die Kapitalwertmethode, die interne Zinsfußmethode, die Annuitätenmethode sowie die dynamische Amortisationsrechnung.

► Bei einem positiven Kapitalwert erhält der Investor die Anschaffungsauszahlung, die subjektive Mindestverzinsung sowie einen Überschuss zurück. Auch ein Kapitalwert von 0 ist positiv zu beurteilen, jedoch entsteht kein Überschuss.

► Im Rahmen der internen Zinsfußmethode wird eine alternative Lösung („regula falsi") eingesetzt, um die Nullstelle der Kapitalwertfunktion zu ermitteln. In der Nullstelle ist der interne Zinsfuß (Effektivverzinsung) der Investition bei $r = i$ gegeben.

- ▸ Die dynamische Amortisationsrechnung berücksichtigt die Verzinsung der ausstehenden Rückflüsse.

- ▸ Ein Vorteil der dynamischen Investitionsrechenverfahren besteht darin, durch Abzinsung der Zahlungen eine Vergleichbarkeit z. B. in der Nullperiode herzustellen. Ein Nachteil liegt z. B. in der Ermittlung des Kalkulationszinssatzes.

- ▸ Im Rahmen der Kritischen-Werte-Rechnung wird der Wert einer Variablen (z. B. Anschaffungsauszahlung, Menge, Preis usw.) aufgezeigt, zu der sich die Investition gerade noch lohnt.

- ▸ Investitionen wirken auf das Working Capital, jedoch sollte die Aussagekraft des Working Capital aufgrund vieler Einflussfaktoren nicht überschätzt werden.

3. Durchführen von Nutzwertrechnungen

3.1 Grundsätzliches zur Nutzwertrechnung

Durch ein Screening (Untersuchung) von Ideen zu Investitionsvorhaben können **grob** verschiedene Alternativen ausgewählt werden. Dazu gehören beispielsweise Investitionen, welche die Strategie des Unternehmens aus zeitlicher Perspektive (Realisierbarkeit innerhalb 3 Monaten) unterstützen. Zudem kann die geschätzte Investitionssumme ein grobes Auswahlkriterium sein. Die selektierten Investitionen werden einer Nutzwertanalyse unterzogen.

Im Rahmen der Nutzwertanalyse (Scoring-Verfahren) wird anhand von **nicht monetären** Kriterien ein **qualitativer** Vergleich durchgeführt, um eine Entscheidung zwischen Investitionen zusätzlich zu den statischen und dynamischen Investitionsrechenverfahren zu bewirken.

Die Nutzwertanalyse kann von einer Person oder anhand einer Gruppendiskussion durchgeführt werden. Je mehr Blickwinkel in die Auswahl und Gewichtung der Kriterien sowie in die Bepunktung einfließen, desto mehr nähern sich die Analytiker der „Wahrheit" an. Die Entscheidung für eine Investition durch eine Nutzwertanalyse basiert auf Subjektivität, jedoch verantworten die Entscheider „ihren" Ansatz. Die Entscheidung kann zu positiven oder negativen Wirkungen durch die Investition führen.

Die Entscheider wählen und bewerten die Kriterien im Rahmen ihrer Wahrnehmungsfähigkeiten. Diese kann eingeschränkt sein, da eine vollständige Informationstransparenz nicht vorhanden sein kann. Daher ist es ratsam, Nutzwertanalysen zeitversetzt und/oder durch mehrere Teams zu realisieren, um unterschiedliche Szenarien zu erkennen und möglicherweise die Annahmen (Prämissen) für die jeweiligen Entscheidungen zu eruieren.

Die Nutzwertanalyse wird mit folgenden Schritten durchgeführt:

▶ Bestimmung des Analyseziels (z. B. Auswahl einer Maschine aus mindestens zwei Alternativen)

▶ Selektion der Kriterien (z. B. durch Brainstorming)

▶ Festlegung der Gewichtung (durch Gruppendiskussion und/oder durch Paarvergleich, siehe ≫ Kapitel 3.5)

▶ Dokumentation der Skala (häufig Ordinalskala, siehe ≫ Kapitel 3.4)

▶ Bepunktung der Alternativen

▶ Berechnung des Nutzwertes und Bestimmung der besten, zweitbesten usw. Alternative.

Die Nutzwertanalyse kann für qualitative Investitionsentscheidungen, Auswahl von Bewerbern oder Lieferanten sowie auch bei privaten Entscheidungen (Urlaubsort, Partnerwahl usw.) verwendet werden. Ausgewählte Argumente für und gegen eine Nutzwertanalyse sind nachfolgend dargelegt:

Vorteile	Nachteile
bei Gruppendiskussion: Integration vieler Blickwinkel	hoher Zeitaufwand bei Gruppenentscheidungen
einfacher Ansatz zur Berechnung	Subjektivität

3.2 Bewertungskriterien

Die Bewertungskriterien können wirtschaftliche, technische, soziale und rechtliche Kriterien beinhalten. Dabei ist zu beachten, dass keine quantitativen, sondern nur qualitative Kriterien aufgenommen werden. Die quantitativen Kriterien werden im Rahmen der statischen und dynamischen Investitionsrechenverfahren untersucht.

Wirtschaftliche Kriterien	Technische Kriterien	Soziale Kriterien	Rechtliche Kriterien
Garantie Service Liefertreue ...	Bedienerfreundlichkeit Störanfälligkeit ...	Arbeitsschutz Ergonomie ...	Verträglichkeit mit Gesetzen ...

3.3 Bewertungsgrundsätze

Als Bewertungsgrundsätze können die Operationalität, Hierarchiebezogenheit, Unterschiedlichkeit und Nutzenunabhängigkeit eingesetzt werden.

▸ **Operationalität:** Einem Thema (z. B. Auswahl eines Investitionsobjektes) werden beobachtbare Sachverhalte zugeordnet, damit eine Konkretisierung und Bearbeitbarkeit des Themas möglich ist. Es werden Kriterien (siehe ≫ Kapitel 3.2) selektiert, welche das Thema bewertbar machen. Es sollte darauf geachtet werden, dass die Kriterien zur Entscheidungssituation möglichst **vollständig** erfasst werden.

Zur Operationalität gehört auch die Messbarkeit (siehe ≫ Kapitel 3.4) der Kriterien. Jedoch muss vor der Messung geklärt werden, was gemessen werden soll.[1]

▸ **Hierarchiebezogenheit:** Die Kriterien sind in mehrere Ebenen zu gliedern, wenn eine vertiefte Nutzwertanalyse realisiert wird. Dabei sind Ober- und Unterkriterien zu bilden. Die Kriteriengruppen sollten nicht zu ausgeprägt und nicht zu tief sein, damit die Abgrenzbarkeit noch gewährleistet ist.

Beispiel

Oberkriterium: Zuverlässigkeit des Lieferanten einer Maschine
Unterkriterium 1: Liefertreue des Lieferanten
Unterkriterium 2: Lieferung mangelfreier Produkte

---

[1] Vgl. *Schnell/Hill/Esser*, 2008, S. 127 - 130.

▶ **Unterschiedlichkeit und Nutzenunabhängigkeit:** Die Kriterien sollten sich **deutlich** voneinander unterscheiden.

Beispiel

Kriterium 1: Service bei Ausfall der Maschine
Kriterium 2: Liefertreue

Wenn Kriterien voneinander abhängen (Korrelation), dann können Verzerrungen bei der Messung und der Entscheidung resultieren. Somit sollte durch die signifikante Unterscheidung der Kriterien auch die Nutzenunabhängigkeit gesichert werden, was in der Praxis häufig nicht immer vollständig gegeben ist, weil indirekte Verbindungen zwischen den Kriterien hergestellt werden können.

3.4 Bewertungsmaßstäbe/-skalierung

Für die Bewertungen im Rahmen der Nutzwertanalyse gibt es verschiedene Skalen, die verwendet werden können:

▶ **Nominalskala:** Diese Skala wird z. B. für das Merkmal „Grundsätzliche Machbarkeit der Investition" mit den Ausprägungen „ja" oder „nein" verwendet. Insbesondere bei der Vorselektion im Rahmen des Screenings kann diese Skala eingesetzt werden.

▶ **Ordinalskala:** Mit dieser Skala wird eine Rangordnung erstellt. Die einzelnen Kriterien können mit einer **geraden oder ungeraden** Ordinalskala bewertet werden. Die Ordinalskala sollte möglichst „breit" ausgedehnt werden (z. B. bis 10). Die Ordinalskala wird am häufigsten bei Nutzwertanalysen verwendet und beinhaltet meist Ausprägungen von 1 bis 5.

Beispiel

Ungerade Ordinalskala
1 = sehr gut ... 5 = schlecht

Durch die Ordinalskala können qualitative Merkmale, wie z. B. Service, messbar gemacht werden.

▶ **Kardinalskala:** Im Rahmen der Kardinalskala ist eine Messung zwischen zwei Merkmalswerten möglich. Es werden die Intervall- und Verhältnisskala unterschieden.[1]

- **Intervallskala:** Es ist **kein** natürlicher Nullpunkt vorhanden (z. B. Kalenderzeit, Uhrzeit).

- **Verhältnisskala:** Ein **natürlicher** Nullpunkt liegt vor (z. B. Alter einer Maschine oder von Mitarbeitern, Einkommen, Kosten usw.).

---

[1] Vgl. *Bourier, G.*, 2008, S. 16 - 17.

Gelegentlich existiert die Meinung, ob kardinal messbare Größen in eine Nutzwert-analyse, die eigentlich der Messung von qualitativen Merkmalen vorbehalten ist, partiell integriert werden sollten. Grundsätzlich stehen für Kostenvergleiche jedoch separate Verfahren, z. B. Kostenvergleichsrechnung, zur Verfügung.

3.5 Nutzenmessung

Die Nutzenmessung erfolgt durch die Kriteriengewichtung, die Teilnutzenbestimmung und durch die Nutzwertermittlung.

Kriteriengewichtung: Häufig wird ein **Paarvergleich** der Nutzwertanalyse vorgeschal-tet, um die Gewichtung der Kriterien der Nutzwertanalyse zu ermitteln. Durch ein Brainstorming werden qualitative sowie nicht direkt messbare Kriterien, z. B. für den Angebotsvergleich einer Maschine, aufgestellt.

Beispiel

Paarvergleich
Im Rahmen des Paarvergleichs der Kriterien wird definiert:

2 = Kriterium der Spalte wichtiger als Kriterium der Zeile.
1 = Beide Kriterien sind gleich wichtig.
0 = Kriterium der Spalte ist weniger wichtig als Kriterium der Zeile.

Kriterien	Service	Liefertreue	Image des Lieferanten	Summe
Service		2	1	3
Liefertreue	0		0	0
Image des Lieferanten	1	2		3
Summe	1	4	1	6
Rang	2,5	1	2,5	
Gewichtung	0,17	0,66	0,17	1,0 (100 %)

Der Paarvergleich liefert die Gewichtung der Kriterien (siehe letzte Zeile in obiger Ta-belle), die für die Nutzwertanalyse verwendet werden können. Bei diesen Bewertungen spielt die Subjektivität auch eine Rolle, jedoch kann das Verhältnis der Kriterien zuein-ander reflektiert werden.

Teilnutzenbestimmung und Nutzwertermittlung:
Der Teilnutzen der jeweiligen Kriterien wird berechnet, indem die Kriterien z. B. anhand einer Ordinalskala für jede Investitionsalternative bepunktet werden. Zudem wird die Gewichtung bei der Berechnung berücksichtigt.

Beispiel

Nutzwertanalyse
Die Gewichtungen des Paarvergleichs werden übernommen.

Ordinalskala: 1 = sehr gut ... 5 = schlecht (Werte in Tabelle sind exemplarisch gewählt)

Schritte:

- **1. Schritt:** Berechnung der Teilnutzwerte
  Nutzwert A = 0,17 • 3 = 0,51
  Nutzwert B = 0,17 • 5 = 0,85
- **2. Schritt:** Addition der Teilnutzwerte in den Spalten Nutzwert A und B
- **3. Schritt:** Bestimmung der Nutzwerte für die Investitionsalternative A und B sowie Ermittlung der Rangfolge. Der niedrigere Nutzwert ist im Beispiel der Nutzwert mit Rang 1, weil die sehr guten und guten Bewertungen den (kleinen) Zahlen 1 und 2 zugeordnet wurden.

Kriterien	Gewichtung	Investitionsalternative A	B	Nutzwert A	Nutzwert B
Service	0,17	3	5	0,51	0,85
Liefertreue	0,66	1	5	0,66	3,30
Image des Lieferanten	0,17	1	4	0,17	0,68
	1,00			**1,34** **Rang 1**	**4,83** **Rang 2**

Bei manchen Entscheidungssituationen empfiehlt es sich, eine **Sensibilitätsanalyse** zeitversetzt durchzuführen, weil neue Informationen die Entscheidung ändern könnten. Dies können Informationen zum technischen Fortschritt, zum Lieferantenverhalten usw. sein. Im Rahmen der Sensibilitätsanalyse werden die Gewichte und/oder die Bepunktungen verändert. Wenn durch diese Veränderungen die Entscheidung für eine Investitionsalternative bleibt, dann ist die Entscheidung **stabil**.

 **MERKE**

- ► Die Nutzwertanalyse stellt ein Instrument dar, um nicht monetäre Kriterien bei einer Entscheidungssituation (z. B. Vergleich von Investitionsalternativen) trotz des Nachteils der Subjektivität zu bewerten.

- ► Die Nutzwertanalyse sollte als Ergänzung zu den statischen und dynamischen Investitionsrechenverfahren verwendet werden.

- ► Im Rahmen der Erstellung einer Nutzwertanalyse sollte die Operationalität berücksichtigt werden. Hierbei werden Kriterien zu einer Entscheidungssituation zusammengestellt und diese messbar gemacht. Die Messbarkeit der Kriterien erfolgt meist über eine Ordinalskala.

- ► Auf Vollständigkeit der Kriterien sollte geachtet werden, jedoch sollten nicht zu viele Kriteriengruppen gestaltet werden. Es sollte auf die Abgrenzbarkeit der Kriterien geachtet werden.

- ► Für die Gewichtung der Kriterien wird der Paarvergleich eingesetzt, der eine Reflexion der Verhältnisse der Kriterien zueinander ermöglicht. Die Subjektivität wird jedoch dabei nicht ausgeschlossen.

- ► Die über einen Paarvergleich ermittelten Gewichtungen der Kriterien werden in die Nutzwertanalyse integriert. Nach Berechnung des Teil- und Gesamtnutzens jeder Investitionsalternative wird eine Rangordnung erstellt.

4. Anwenden von Verfahren zur Bestimmung der wirtschaftlichen Nutzungsdauer und des optimalen Ersatzzeitpunktes von Wirtschaftsgütern

4.1 Bestimmung der wirtschaftlichen Nutzungsdauer

Bei Sachinvestitionen können die

- technische und
- wirtschaftliche

Nutzungsdauer betrachtet werden.

Die technische und wirtschaftliche Nutzungsdauer sind verknüpft. Bei Sachinvestitionen fallen mit zunehmender technischer Nutzungsdauer (z. B. Zahl der Maschinenstunden, Alter der Maschine) vermehrt Instandhaltungskosten sowie häufig z. B. höhere Betriebsstoffkosten an, die zu steigenden Auszahlungen führen. Zudem sinkt mit zunehmender technischer Nutzungsdauer der Restwert der Sachinvestition.

Das Ziel des Investors besteht darin, möglichst **hohe Netto-Einzahlungsüberschüsse** zu erzielen. Daher gilt für die wirtschaftliche Nutzungsdauer:

Das **Maximum des Kapitalwertes** bestimmt das letzte Jahr der Nutzung der Investition im Rahmen der wirtschaftlichen Nutzungsdauer.

Es können zwei grundsätzliche Fälle bei der Berechnung der wirtschaftlichen Nutzungsdauer unterschieden werden: einmalige Investition und Investitionskette.

4.1.1 Einmalige Investition

Wenn eine Investition getätigt wird, diese ausscheidet und keine Ersatzinvestition getätigt wird, dann spricht man von einer **einmaligen** Investition. Wie wird die wirtschaftliche Nutzungsdauer bei einer einmaligen Investition bestimmt?

Beispiel

Ein Spielwarenhersteller beabsichtigt, in eine Produktionsanlage zu investieren, mit der Solarbaukästen hergestellt werden können. Der Controller des Unternehmens prognostiziert folgende Daten:

- Technische Nutzungsdauer: 4 Jahre
- Anschaffungsauszahlung 100.000 €
- Kalkulationszinssatz 5 %

Die Nettoeinzahlungen sind nachfolgender Tabelle zu entnehmen.

Der Restwert beträgt im ersten Jahr 80.000 €, im zweiten Jahr 60.000 €, im dritten Jahr 20.000 € und im vierten Jahr 0 €.

Nutzungs-dauer	Netto-Einzahlungen	Restwert	Kumulierter Bar-wert (Klammer) der Einzahlungs-überschüsse	Restwert-barwert	Kapitalwert = Spalte 4 und 5 abzüglich 100.000 €
Spalte 1	Spalte 2	Spalte 3	Spalte 4	Spalte 5	Spalte 6
1	30.000 €	80.000 €	(28.571,43 €)	76.190,48 €	+ 4.761,91 €
2	30.000 €	60.000 €	27.210,87 € (55.782,30 €)	54.421,74 €	+ 10.204,04 €
3	30.000 €	20.000 €	25.915,14 € (81.697,44 €)	17.276,76 €	- 1.025,80 €
4	30.000 €	0 €	24.681,06 € (106.378,05 €)	0 €	+ 6.378,05 €

Der **maximale Kapitalwert** entsteht im zweiten Jahr, sodass die Produktionsanlage am Ende des zweiten Jahres eliminiert werden sollte. Die Entscheidung ist von der Entwicklung des Restwertes stark beeinflusst. Der Restwert ist in der Praxis jedoch häufig über längere Zeiträume schwer zu schätzen.

4.1.2 Investitionskette

Wenn eine Investition durch eine weitere (identische) Investition ersetzt wird (Ersatzinvestition) und dieser Vorgang in den Folgejahren mehrfach wiederholt wird, dann liegt eine Investitionskette vor.

► Bei einer **endlichen Investitionskette** wird die Investitionstätigkeit auf eine Häufigkeit begrenzt (z. B. es wird noch zwei Mal ein Bagger gekauft, dann wird das Geschäft mangels Nachfolger aufgelöst).

► Bei einer **unendlichen Investitionskette** geht man auch von einer unendlichen Laufzeit des Unternehmens aus. Wenn eine Investition ausscheidet, wird eine Ersatzinvestition (unendlich häufig) eingesetzt.

Nachfolgend wird die wirtschaftliche Nutzungsdauer anhand einer unendlichen Investitionskette dargelegt.

Beispiel

Es wird auf das obige Beispiel einer einmaligen Investition zurückgegriffen.

- ▶ **1. Schritt:** In der zweiten Spalte werden die Kapitalwerte der einmaligen Investition eingetragen.

- ▶ **2. Schritt:** Ermittlung der Annuitätenfaktoren bei einem Kalkulationszinssatz von 5 %.

- ▶ **3. Schritt:** Man multipliziert den jeweiligen Kapitalwert der einmaligen Investition mit dem Annuitätenfaktor.

- ▶ **4. Schritt:** Da eine unendliche Investitionsreihe unterstellt wird, dividiert man die Annuität durch den Kalkulationszinssatz (hier: 5 %).

Nutzungs- dauer in Jahren	Kapitalwert einmalige Investition	Annuitäten- faktor	Annuität (durchschnittlicher jährlicher Einzahlungsüberschuss)	Kapitalwert der Investitions- kette
1	+ 4.761,91 €	1,050000	+ 5.000,01 €	+ 100.000,20 €
2	+ 10.204,04 €	0,537805	+ 5.487,78 €	+ 109.755,60 €
3	- 1.025,80 €	0,367209	- 376,68 €	- 7.533,60 €
4	+ 6.378,05 €	0,282012	+ 1.798,69 €	+ 35.973,80 €

Es wird die wirtschaftliche Nutzungsdauer gewählt, in welchem Jahr der **maximale** Kapitalwert resultiert. Im Rahmen einer unterstellten Investitionskette würde das einer Nutzungsdauer von zwei Jahren entsprechen.

Obwohl die technische Nutzungsdauer der Investition vier Jahre beträgt, sollte unter Betrachtung der wirtschaftlichen Nutzungsdauer sowie der Entscheidungsregel des maximalen Kapitalwertes die Investition am Ende des zweiten Jahres durch eine (iden- tische) Ersatzinvestition ersetzt werden. Das Ersetzen der Investition nach dem zweiten Jahr setzt sich dann unendlich fort.

4.2 Optimaler Ersatzzeitpunkt

Bei einer Maschine können mit zunehmendem Alter die Betriebs- sowie Instandhal- tungskosten ansteigen. Es stellt sich die Frage, **ob und wann** die alte durch eine neue Maschine ersetzt werden soll. In ≫ Kapitel 2.4.2 wurde das Ersatzproblem im Rahmen der statischen Kostenvergleichsrechnung behandelt. In diesem Kapitel sollen die dyna- mischen Investitionsrechenverfahren eingesetzt werden, um den optimalen Ersatzzeit- punkt einer Investition zu ermitteln.

Rationalisierungsvorteile
Eine Neuanlage hat durch höhere Produktivität und Qualität auch Auswirkungen auf den Absatzpreis sowie auf den Umsatz. Diese Aspekte sollen nachfolgend unberück-

sichtigt bleiben, weil unter dieser Annahme eine klassische Kapitalwertrechnung durchgeführt werden kann, um die Vorteilhaftigkeit zu ermitteln. Es wird angenommen, dass ein Kern der Rationalisierungsinvestition darin liegt, mit einem geringen Input den gleichen Output zu erzielen.

Die grundsätzliche **Regel** lautet:

Eine Investition wird dann ersetzt, wenn die durchschnittlichen Auszahlungen der Altanlage größer sind als die durchschnittlichen Auszahlungen der Neuanlage.

Beispiel

Eine geplante neue Maschine mit Anschaffungsauszahlungen von 100.000 € wird voraussichtlich pro Jahr aufgrund des technischen Fortschritts Betriebskosten in Höhe 2.000 € verursachen. Es wird eine Nutzungsdauer von 5 Jahren unterstellt. Die alte Maschine verursachte in der Vergangenheit durchschnittliche Auszahlungen in Höhe von 8.000 € pro Jahr. Es wird ein Kalkulationszinssatz von 5 % unterstellt. Ein Restwert für die alte Maschine wird nicht berücksichtigt.

1. Schritt: Berechnung der Annuität für die Anschaffungsauszahlung
Der Annuitätenfaktor bei 5 % und 5 Jahren: 0,230975
Annuität = 100.000 € • 0,230975 = 23.097,50 €
Gesamte Annuität der neuen Maschine: 23.097,50 € + 2.000 € = 25.097,50 €

2. Schritt: Vergleich der Annuitäten der alten und neuen Maschine
Alte Maschine: 8.000 €
Neue Maschine: 25.097,50 €

3. Schritt: Entscheidung
Die alte Maschine sollte noch nicht ersetzt werden, weil die durchschnittlichen Auszahlungen kleiner sind als die durchschnittlichen Auszahlungen der neuen Maschine.

Restwert
Wesentlich ist, wie auch bereits in >> Kapitel 2.4.2 erläutert, dass die Restwertminderung der alten Anlage sowie der Zinsverlust berücksichtigt werden, wenn die alte Anlage nicht zum Restwert liquidiert wird. Das nachfolgende Beispiel soll den Sachverhalt verdeutlichen.

Beispiel

Es liegen für eine alte und neue Maschine folgende Daten bei einem Kalkulationszinssatz von 5 % vor:

Daten	Berechnungen
Alte Maschine: ► auszahlungsorientierte Betriebskosten 50.000 € p. a. ► Restwert 30.000 € ► Restnutzungsdauer 3 Jahre Restwert nach einem Jahr 20.000 €	Wenn die alte Maschine nicht verkauft wird, dann fallen folgende Kosten an: Eine nicht realisierte Einzahlung wirkt wie eine Auszahlung: 20.000 € Zinsverlust (nicht realisierte Einzahlung wirkt wie Auszahlung) = 20.000 € • 0,05 = 1.000 € p. a. 2 Jahre • 1.000 €/Jahr = 2.000 € Betriebskosten 50.000 € Wertverlust 20.000 € Zinsverlust 1.000 € Auszahlungen 71.000 € nach einem 1 Jahr
Neue Maschine: ► Anschaffungsauszahlung 400.000 € ► Nutzungsdauer 10 Jahre ► Restwert 40.000 € ► auszahlungsorientierte Betriebskosten 20.000 € p. a.	Der Restwert wird auf die Nullperiode abgezinst. Abzinsungsfaktor (5 %; 10 Jahre) = 0,613913 Restbarwert = 40.000 • 0,613913 = 24.556,52 € Anschaffungsauszahlung - Restbarwert = 400.000 € - 24.556,52 € = 375.443,48 € Berechnung der Annuität des eingesetzten Kapitals: Annuitätenfaktor (10 Jahre, 5 %) = 0,129505 375.443,48 € • 0,129505 = 48.621,81 € Gesamte Auszahlungen pro Jahr: 48.621,81 € + 20.000 € = 68.621,81 €

Die zu erwartenden durchschnittlichen Auszahlungen der neuen Maschine sind geringer als die der alten Maschine, sodass ein Ersatz der alten Maschine empfohlen wird.

Die Ersatzproblematik basiert auf Schätzungen, die z. B. den Restwert der neuen Maschinen, den tatsächlichen Liquidationserlös der alten Maschine usw. betreffen. Daher sind derartige Rechnungen nicht unkritisch. Im Rahmen der statischen Kostenvergleichsrechnung wurde das Ersatzproblem mit anderen Formeln und veränderten Rechenansätzen dargelegt. Für eine Entscheidung sind immer mehrere Blickwinkel notwendig. Die „Wahrheit" liegt möglicherweise zwischen den verschiedenen Rechenansätzen.

 **MERKE**

- Bei einmaligen Investitionen wird die wirtschaftliche Nutzungsdauer bestimmt, indem das Jahr als letztes Jahr der Nutzung gewählt wird, in dem der Kapitalwert ein Maximum erreicht.

- Eine Investitionskette liegt vor, wenn eine Investition durch eine identische Ersatzinvestition ersetzt wird. Es ist eine endliche Investitionskette möglich, bei der ein definierter Nutzungszeitraum vorliegt.

- Bei einer unendlichen Investitionskette wird eine Ersatzinvestition unendlich häufig ersetzt. Am Ende des Nutzungsjahres, in welchem der Kapitalwert maximal ist, scheidet die Investition aus. Die Investition wird dann unendlich häufig in dem Rhythmus ersetzt, der durch die Anzahl der ermittelten Nutzungsjahre ermittelt wurde.

- Der optimale Ersatzzeitpunkt einer Sachinvestition ist dann gegeben, wenn die durchschnittlichen Auszahlungen der alten Anlage größer sind als die durchschnittlichen Auszahlungen der neuen Anlage.

5. Beurteilen von Finanzierungsformen und Erstellen von Finanzplänen

5.1 Kriterien zur Unterscheidung von Finanzierungsquellen

Um die Finanzierungsquellen zu gruppieren, können verschiedene Kriterien herangezogen werden:

- ► Fristigkeit
- ► Kapitalherkunft
- ► Rechtsstellung der Kapitalgeber
- ► Einfluss auf den Vermögens- und Kapitalbereich.

Fristigkeit

- ► Bei **Außen**finanzierung:
  - Eigenfinanzierung (unbefristet: Beteiligungsfinanzierung)
  - Fremdfinanzierung

    Befristet:
    - · **Lang**fristig: Darlehen
    - · **Kurz**fristig: Lieferantenkredit, Kontokorrentkredit
- ► Bei **Innen**finanzierung
  - **Eigen**finanzierung
    - · Unbefristet: Gewinnthesaurierung, offene und stille Selbstfinanzierung
    - · Befristet:
      - › **Lang**fristig: Finanzierung aus Abschreibung
      - › **Kurz**fristig: Finanzierung aus Vermögensumschichtung
  - **Fremd**finanzierung

    Befristet: Finanzierung aus Rückstellungen.

Zudem kann das Merkmal Fristigkeit verwendet werden, um nach kurz-, mittel- und langfristiger Finanzierung zu unterscheiden:

- ► kurzfristige Finanzierung: Laufzeit kleiner 1 Jahr, z. B. Kontokorrentkredit
- ► mittelfristige Finanzierung: Laufzeit 1 bis 5 Jahre, z. B. Anzahlungen
- ► langfristige Finanzierung: Laufzeit mehr als 5 Jahre, z. B. Darlehen, Schuldverschreibung.

Kapitalherkunft:
Die Kapitalherkunft kann nach **Eigen- und Fremdkapital** unterschieden werden.

AKTIVA	Bilanz	PASSIVA
Anlagevermögen Umlaufvermögen	Eigenkapital Fremdkapital	

Bestandteile des **Eigenkapitals** können beispielsweise sein:

▸ Beteiligungsfinanzierung: Erhöhung des Eigenkapitals durch Einlagen von Geld, Sachen oder Rechten

▸ Gewinnthesaurierung: Gewinne werden nicht ausgeschüttet, sondern angesammelt. Dadurch wird das Eigenkapital erhöht.

▸ Finanzierung aus Abschreibungen: Durch den Rückfluss der Umsätze (inkl. kalkulatorischer Abschreibungen) können ohne Fremdkapital Ersatzinvestitionen getätigt werden.

Bestandteile des **Fremdkapitals** können z. B. sein:

▸ Fremdfinanzierung: Aufnahme eines Darlehens

▸ Finanzierung aus Rückstellungen: Durch Aufwandserhöhung wird der Gewinn reduziert. Somit fließen weniger Finanzmittel an die Anspruchsgruppen (Finanzbehörde, Gesellschafter).

Eine weitere Unterscheidung nach der Kapitalherkunft kann in der Gruppierung nach der Außenfinanzierung und Innenfinanzierung liegen.[1]

Außenfinanzierung	Innenfinanzierung
Beteiligungsfinanzierung Fremdfinanzierung	Finanzierung ▸ aus Abschreibung ▸ Gewinnthesaurierung ▸ durch Rückstellungsbildung Finanzierung durch Rationalisierung (Kosten senken) oder Verkauf von Vermögensgegenständen (z. B. gebrauchte Maschine).

Rechtsstellung der Kapitalgeber:
Im Rahmen einer Außenfinanzierung kann Eigenfinanzierung, z. B. durch eine Beteiligungsfinanzierung, sowie Fremdfinanzierung, z. B. durch ein Darlehen einer Geschäftsbank, vorliegen.

---

[1] Vgl. *Olfert, K.*, 2011, S. 33.

Finanzierungsart	Rechtsstellung der Kapitalgeber
Beteiligungsfinanzierung	Gesellschafter, Anteilseigner Wenn z. B. ein Einzelunternehmer eine Kapitaleinlage tätigt, dann spricht man auch von Einlagenfinanzierung.
Fremdfinanzierung	Fremdkapitalgeber

Einfluss auf den Vermögens- und Kapitalbereich:

Außenfinanzierung	Durch Zuführung von Kapital von außen durch Kapitaleinlagen von Gesellschaftern oder durch Aufnahme von Krediten bei Geschäftsbanken können die Finanzmittel bereitgestellt werden, um die Investitionen zu finanzieren.
Innenfinanzierung	Durch Ansammlung von Gewinnen können die Finanzmittel für Investitionen verwendet werden, ohne dass Kredite aufgenommen werden. Die Finanzierung erfolgt nur von „innen".
Eigenfinanzierung	Eigenfinanzierung fällt unter die Außenfinanzierung, z. B. Beteiligungsfinanzierung durch Kapitaleinlagen. Mit erhöhtem Eigenkapital können Investitionen realisiert werden (z. B. Aufkauf von anderen Unternehmen).
Fremdfinanzierung	Die Fremdfinanzierung gehört zur Außenfinanzierung. Durch die Aufnahme eines Darlehens können Investitionen getätigt werden. Aufgrund der Zunahme der Investitionen erhöht sich das Vermögen.

5.2 Kriterien zur Entscheidungsfindung für Finanzierungsalternativen

Im Rahmen der Entscheidungsfindung für Finanzierungsalternativen sind mehrere Kriterien zu beachten.

Beitragshöhe	Wenn der benötigte Kredit für eine Investition aus Sicht der Geschäftsbank zu hoch ist und die Rückzahlung gefährdet ist, dann wird die Geschäftsbank die Kreditgewährung verweigern. Der Unternehmer müsste dann auf sein Eigenkapital zur Finanzierung der Investition zurückgreifen oder auf den Kauf der Investition verzichten und evtl. mit Leasing finanzieren.
Kosten	Es fallen im Rahmen der Fremdfinanzierung der Kapitaldienst (Zinsen, Tilgung) der Geschäftsbank, Disagio (Abgeld), Bearbeitungs- und Bereitstellungsgebühren (oft auch Bereitstellungszinsen) an. Bei der Ausgabe von jungen Aktien sind die Emissionskosten zu beachten. Wenn das Unternehmen die Investition durch Eigenkapital finanziert, sollten die → *Opportunitätskosten* beachtet werden.
Fristigkeit	Der Finanzierungsgrundsatz ist zu beachten: Langfristiges ist langfristig und Kurzfristiges kurzfristig zu finanzieren (**Fristenkongruenz**).

Flexibilität	Bei Fremdfinanzierung sollten Kündigungsmöglichkeiten in die Vertragsgestaltung integriert werden, um bei auftretenden Risiken oder Umfeldveränderungen schnell und flexibel reagieren zu können.
Externe Einflussnahme auf das Unternehmen	Eigenkapitalgeber haben den Anspruch auf Gewinnauszahlungen sowie auf Mitbestimmung. Fremdkapitalgeber, z. B. Geschäftsbanken, haben kein Mitbestimmungsrecht bei der Unternehmensführung. Jedoch kann indirekt ein Einfluss ausgeübt werden. Vertragliche Vereinbarungen, um die Rechte der Fremdkapitalgeber auszubauen, sind möglich.
Sicherheiten	Fremdkapitalgeber, z. B. Geschäftsbanken, vergeben i. d. R. keine Kredite ohne Sicherheiten (Blankokredit), außer die Bonität des Kapitalgebers ist überragend. Je höher der Wert der Sicherheit, desto geringer der Fremdkapitalzinssatz und umgekehrt.

5.3 Sicherheiten

Für Kapitalgeber besteht das Risiko, dass das überlassene Kapital untergeht und/oder die Verzinsung nicht gezahlt werden kann. Die Geschäftsbanken kalkulieren Risikoaufschläge je nach Ausgang des Ratings (>> Kapitel 5.7) mit ein, jedoch können beim Kreditnehmer durch Marktveränderungen Liquiditätsprobleme auftreten, die zu einem Ausfall des Kapitaldienstes führen. Daher versucht der Fremdkapitalgeber, das Risiko der Rückzahlung des Kapitals und der Zinsen durch Sicherheiten zu senken.

In den nachfolgenden Kapiteln werden personenbezogene Sicherheiten und dingliche Sicherheiten dargelegt.

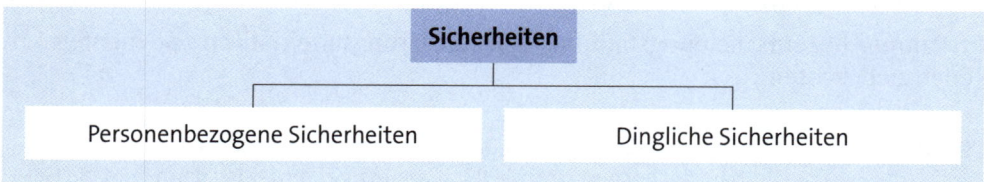

Grundsätzlich werden Sicherheiten auch unterschieden, ob sie akzessorisch oder fiduziarisch sind.

- **Akzessorische Sicherheit**: Der Begriff „akzessorisch" bedeutet nach dem lateinischen Ursprung „hinzukommen". Es kommt die Forderung hinzu. Das bedeutet, dass eine akzessorische Sicherheit den **Bestand einer Forderung** benötigt.

  Beispiele: Bürgschaft, Schuldenübernahme, Kreditauftrag, Hypothek, Pfandrecht, Eigentumsvorbehalt

- **Fiduziarische Sicherheit**: Der Begriff „fiduziarisch" ist auch aus dem Lateinischen ableitbar und kann mit den Ausdrücken „Vertrauen, Treuhänder" interpretiert werden. Eine fiduziarische Sicherheit ist **nicht an den Bestand einer Forderung** gebunden.

  Beispiele: Garantie, Patronatserklärung, Grundschuld, Sicherungsübereignung, Sicherungsabtretung (Zession)

5.3.1 Personenbezogene Sicherheiten

Bei personenbezogenen Sicherheiten haftet der Kapitalnehmer persönlich. Zudem können auch Dritte für das Fremdkapital haften.

Personenbezogene Sicherheiten	Erläuterung
Bürgschaft	§ 765 Abs. 1 BGB: „Durch den Bürgschaftsvertrag verpflichtet sich der Bürge gegenüber dem Gläubiger eines Dritten, für die Erfüllung der Verbindlichkeiten des Dritten einzustehen." Gemäß § 766 BGB ist die Schriftform (keine elektronische Form) der Bürgschaftserklärung erforderlich. 1 = Kreditgewährung und -rückzahlung 2 = Übernahme der Bürgschaft 3 = Leistet Kreditnehmer nicht, zahlt Bürge den Kredit zurück. 4 = Mögliche Rückzahlung des geleisteten Betrags vom Kreditnehmer an den Bürgen. **Bürgschaftsarten:** ▶ **Gewöhnliche Bürgschaft:** Der Bürge kann vor seiner Inanspruchnahme die Zwangsvollstreckung in das Vermögen des Schuldners (Kreditnehmer) verlangen (Einrede der Vorausklage § 771 BGB). Eine **Ausfallbürgschaft** liegt vor, wenn der Gläubiger (Kreditgeber) den Nachweis der fruchtlosen Zwangsvollstreckung erbringen muss (ohne Einrede der Vorausklage des Bürgen). ▶ **Selbstschuldnerische Bürgschaft:** Gemäß § 773 BGB muss der Bürge an den Kreditgeber sofort **selbst** zahlen, wenn die Einrede der Vorausklage ausgeschlossen ist und der Schuldner (Kreditnehmer) die Zahlungsverpflichtungen nicht leistet. Zu beachten ist § 349 HGB: keine Einrede der Vorausklage, wenn die Bürgschaft ein Handelsgeschäft ist.

Personenbezogene Sicherheiten	Erläuterung
Schuldenübernahme	Eine dritte Person haftet für die Schulden des Kreditnehmers. Im Rahmen des Kreditvertrags kommt zum Kreditnehmer eine weitere Person hinzu. Beide Personen haften nun **gesamtschuldnerisch**, wobei der Kreditgeber den Beitritt der dritten Person akzeptieren muss. **Beispiel** Der mittelständische Unternehmer Huber nahm einen Kredit für eine Investition bei seiner Hausbank auf. Aufgrund des Wegfalls von zwei Großkunden befürchtet er, dass der Kapitaldienst gegenüber der Hausbank nicht mehr gewährleistet ist. Huber ist seit Jahren mit dem Investmentbanker Maier befreundet. Als Maier von dem möglichen Liquiditätsengpass erfährt, bietet er Huber und auch der Hausbank den Beitritt zum Kreditvertrag an.
Kreditauftrag	§ 778 BGB: „Wer einen anderen beauftragt, im eigenen Namen und auf eigene Rechnung einem Dritten ein Darlehen oder eine Finanzierungshilfe zu gewähren, haftet dem Beauftragten für die aus dem Darlehen oder der Finanzierungshilfe entstehende Verbindlichkeit des Dritten als Bürge." **Beispiel** Der wohlhabende Privatier Müller beabsichtigt, das Start-up-Unternehmen „Electronic Carsharing e. K." finanziell zu unterstützen, weil er an die Geschäftsidee glaubt. Müller beauftragt seine Hausbank, dem Start-up-Unternehmen ein Darlehen zu gewähren. Müller nimmt somit die Rolle des Bürgen ein, sodass die Hausbank gegenüber Müller (Auftraggeber des Darlehens) einen Anspruch geltend machen kann, aber auch gegenüber dem Kreditnehmer (Start-up-Unternehmen), zur Rückzahlung des Kredits.
Garantie	Die Garantie ist **unabhängig** vom Bestand einer Forderung (fiduziarisch). Der Garantiegeber (Garant) verpflichtet sich gegenüber dem Garantienehmer zur Übernahme von Risiken oder von Erfolgseintritten. **Beispiel: Anzahlungsgarantie** Ein Handwerksunternehmer (Auftragnehmer) fordert für Leistungen im Rahmen der Sanierung eines Altstadthauses eine Anzahlung vom Auftraggeber (Hauseigentümer). Die Geschäftsbank des Auftragnehmers garantiert die Leistung des Auftragnehmers. Wenn das Handwerksunternehmen nicht leisten kann, dann wird die Anzahlung zurückerstattet. Nach vollendeter Leistung des Auftragnehmers erlischt die Garantie.[1]
Patronatserklärung	Im Rahmen eines Konzerns sichert die Muttergesellschaft die Verbindlichkeiten der Tochtergesellschaft durch eine rechtsverbindliche Haftungserklärungen ab (**harte** Patronatserklärung). Eine gesetzliche Regelung zur Patronatserklärung gibt es nicht.

---

[1] In Anlehnung an *Olfert, K.*, 2011, S. 291.

Personenbezogene Sicherheiten	Erläuterung
	Bei **weichen** Patronatserklärungen liegt kein rechtsverbindlicher Charakter vor, weil die Muttergesellschaft lediglich die Verbindlichkeit der Tochtergesellschaft zur Kenntnis nimmt oder eine „unscharfe" Erklärung abgibt. Die Muttergesellschaft kann die möglichen Verbindlichkeiten gegenüber der Tochtergesellschaft, für die sie haften möchte, als **Eventualverbindlichkeit** im Jahresabschluss dokumentieren.[1]

5.3.2 Dingliche Sicherheiten

Zu den Realsicherheiten, die auf Sachwerte oder Rechte bezogen sind, zählen:

► bei unbeweglichen Sachen: Grundschuld, Hypothek

► bei beweglichen Sachen: Eigentumsvorbehalt, Pfandrecht, Sicherungsübereignung

► bei Rechten: Sicherungsabtretung (Zession).

Dingliche Sicherheiten	Erläuterung
Grundschuld	Die Grundschuld gehört zu den Grundpfandrechten und wird bei unbeweglichen Vermögensgegenständen eingesetzt. Sie ist fiduziarisch und somit unabhängig von einer Forderung. Im BGB ist die Grundschuld in den Paragrafen 1191 bis 1198 dokumentiert. Ein wesentlicher Zweck der Grundschuld besteht darin, dass der Eigentümer eines Grundstücks im Grundbuch eine Eigentümergrundschuld an einem vorderen Rangplatz eintragen lässt (§ 1196 BGB), um bei einer möglichen Kreditaufnahme die Eigentümergrundschuld an den Kreditgeber abzutreten.

Hypothek	Die Hypothek (§ 1113 - 1190 BGB) ist akzessorisch, d. h., sie ist an einen Forderungsbestand gebunden. Die Hypothek wird nach Einigung zwischen Kreditgeber und Grundstückseigentümer in das Grundbuch eingetragen.
	
	Hypothekenarten:
	
	► **Verkehrshypothek:**
	
	  - **Briefhypothek:** Das Grundbuchamt stellt einen Hypothekenbrief aus, der ohne Grundbucheintrag abgetreten werden kann.
	
	  - **Buchhypothek:** Eintragung ins Grundbuch erfolgt ohne Ausstellung einer Urkunde durch das Grundbuchamt. Eine Abtretung wird über einen Notar bewirkt, der die Veränderungen im Grundbuch dokumentieren lässt.
	
	► Sicherungshypothek: § 1184 BGB
	
	► Höchstbetragshypothek: § 1190 BGB

---

[1] Vgl. *Büter, C.,* 2010, S. 402 - 403.

Dingliche Sicherheiten	Erläuterung

Eigentumsvorbehalt	Der Verkäufer einer Ware bleibt bis zur vollständigen Bezahlung Eigentümer der Ware, während der Käufer Besitzer der Ware ist.
	Arten des Eigentumsvorbehalts:[1]
	
	► **Einfacher Eigentumsvorbehalt:** Der Verkäufer einer Ware könnte bei Nichtzahlung des Käufers vom Vertrag nach § 449 BGB zurücktreten und die Ware zurückfordern. Das gelingt allerdings nicht, wenn
	
	  - der Käufer nach § 950 BGB die Sache verarbeitet oder nach § 947 Abs. 2 BGB verbunden hat,
	  - die Sache wesentlicher Bestandteil des Grundstücks wird (§ 94, 946 BGB),
	  - der Dritterwerber gutgläubig war (§§ 932 ff. BGB, 366 f. HGB).
	
	► **Verlängerter Eigentumsvorbehalt:** Um den Eigentumsvorbehalt wirksam zu gestalten, wird der Käufer gemäß § 185 BGB zur Veräußerung und zur Weiterverarbeitung berechtigt.
	
	  - **Weiterveräußerung:** §§ 398 ff. BGB; Abtretung der Forderung des Käufers, die durch Weiterveräußerung entstehen, an den Verkäufer; dadurch resultiert eine Sicherung für den Verkäufer
	  - **Weiterverarbeitung:** § 950 BGB; Käufer kann die Ware weiterverarbeiten, jedoch geht das Eigentum an den hergestellten Erzeugnissen auf den Verkäufer über (bis der Käufer zahlt).
	
	► **Erweiterter Eigentumsvorbehalt:** Das Eigentum geht auf den Käufer erst über, wenn **alle** bestehenden Forderungen, auch von anderen Waren, bezahlt sind (Kontokorrent-Eigentumsvorbehalt). Durch totalen Forderungsausgleich erlischt der Vorbehalt.

Pfandrecht	Pfandrecht ► an beweglichen Sachen: § 1204 - 1259 BGB ► an Rechten (z. B. Wertpapiere, Sparguthaben): § 1273 - 1296 BGB. Das Pfandrecht ist akzessorisch und damit an einen Forderungsbestand gebunden. Das Pfand geht in den **Besitz des Kreditgebers** über (Faustpfand), während der **Kreditnehmer Eigentümer** bleibt. Manche Gegenstände eignen sich nicht für das Pfandrecht, z. B. Maschinen. Daher wird die Sicherungsübereignung bevorzugt.
Sicherungsübereignung	**Bei beweglichen Sachen:** Eine Geschäftsbank finanziert für einen Unternehmer einen Pkw. Der **Kreditgeber (Geschäftsbank) wird Eigentümer** (z. B. Fahrzeugbrief bei der Geschäftsbank als Sicherheit), und der **Kreditnehmer wird Besitzer** (z. B. Fahrzeugschein). Der Kreditnehmer kann den Pkw dann betrieblich und wirtschaftlich nutzen.

---

[1] Vgl. *Olfert, K.*, 2011, S. 292 - 293.

Dingliche Sicherheiten	Erläuterung
Sicherungs-abtretung (Zession)	**Bei Forderungen, z. B. gegenüber Kunden, aber auch Lohn- und Gehalts-forderungen usw.** Die Sicherungsabtretung beinhaltet die Abtretung von Forderungen. Zur Sicherung eines Kredites tritt der Kreditnehmer (Zedent) Forderungen, die er gegenüber einem Drittschuldner hat (1), im Rahmen einer Zession (Forderungsabtretung) an den Kreditgeber (Zessionar) ab (2). Daraufhin wird der Kredit gewährt (3). Der Kreditgeber hat **nun** Forderungen gegenüber dem Drittschuldner (4).[1] **Zessionsarten:** ► **Offene** Zession: Über die Forderungsabtretung wird der Drittschuldner informiert. Er zahlt an den Kreditgeber. ► **Stille** Zession: Der Drittschuldner wird über die Forderungsabtretung nicht informiert. Der Drittschuldner zahlt an den Kreditnehmer, und dieser leitet die Zahlung an den Kreditgeber weiter. ► **Mantel**zession: Der Kreditnehmer tritt in definierten Zeitabschnitten Forderungen mit bestimmter Höhe ab. Die Forderungen werden mit Belegen (Rechnungen, Debitorenlisten) nachgewiesen und dem Zessionar abgetreten. Durch die Übergabe ist die Abtretung realisiert. ► **Global**zession: Es werden alle aktuellen und zukünftigen Forderungen, z. B. einer Kundengruppe, an den Zessionar abgetreten. Die Forderung für den Zessionar entsteht bereits durch das Zustandekommen der Forderung. Unterlagen, wie bei der Mantelzession, müssen nicht beim Kreditgeber eingereicht werden.

5.4 Außenfinanzierung

Im Rahmen der Außenfinanzierung wird zwischen

► Eigenfinanzierung und

► Fremdfinanzierung (langfristig, kurzfristig)

unterschieden.

---

[1] In Anlehnung an *Olfert, K.*, 2011, S. 296 - 297.

Einleitend werden nachfolgende Kriterien zu Eigen- und Fremdkapitalgebern dargelegt. Grundsätzlich sollte nach der Art der Kapitalgeber unterschieden werden:

- Kriterien bei den **Eigenkapitalgebern:**
  - Anspruch auf Gewinn oder auch Teilhabe an Verlust
  - haften in Höhe der Einlage (je nach Rechtsform auch mit Privatvermögen)
  - erheben Anspruch auf Mitwirkung in Unternehmensleitung
  - zeitlich unbefristete Zurverfügungstellung von Eigenkapital.
- Kriterien bei den **Fremdkapitalgebern:**
  - Kapital steht befristet zur Verfügung
  - Rückzahlung des Kapitals
  - Zinsanspruch
  - keine Mitwirkung bei Unternehmensleitung
  - beschränktes Volumen wegen Sicherheiten und Verhältnismäßigkeit zum Vermögen.

Nachfolgend werden neben der Eigenfinanzierung sowie der langfristigen und kurzfristigen Fremdfinanzierung auch Sonderformen der Finanzierung (Leasing, Factoring, Forfaitierung, Asset-Backed-Securities) kompakt dargelegt.

5.4.1 Eigenfinanzierung

5.4.1.1 Eigenfinanzierung bei personenbezogenen Unternehmen

Zu den personenbezogenen Unternehmen gehören:

- das Einzelunternehmen
- die OHG
- die KG
- die stille Gesellschaft.

Die **Beteiligungsfinanzierung** erfolgt durch Einlagen. Die verschiedenen Ausprägungen je nach Rechtsform werden nachfolgend dargestellt.

Einzelunternehmen
Einzelunternehmen weisen ein bewegliches Eigenkapitalkonto auf. Der Einzelunternehmer kann aus seinem Privatvermögen Geld- und Sachkapital als Privateinlage in das Unternehmen einbringen. Das Sachkapital muss durch einen Sachverständigen geschätzt oder plausibel in Geldeinheiten bewertet werden. Durch die Einlagen erhöht sich das Eigenkapital (daher bewegliches Eigenkapitalkonto). Der Einzelunternehmer haftet mit seinem Geschäfts- und Privatvermögen.

Der Vorteil der Eigenkapitalfinanzierung besteht darin, dass der Einzelunternehmer unabhängig von Dritten bleibt.

Offene Handelsgesellschaft (OHG)

Bei einer OHG gibt es mindestens zwei Eigenkapitalkonten mit mindestens zwei Gesellschaftern. Die Zuführung von Eigenkapital ist wie beim Einzelunternehmer. Die Gesellschafter einer OHG haften unmittelbar, unbeschränkt und solidarisch mit dem Geschäfts- und Privatvermögen.

Die Gewinnverteilung zwischen den Gesellschaftern wird über den Gesellschaftsvertrag oder nach § 121 HGB (4 % Verzinsung für die Kapitaleinlagen) geregelt. Der Restgewinn wird nach Köpfen verteilt.

Beispiel

Kapitalverzinsung, Restgewinn, neues Kapital

Eine OHG hat zwei Gesellschafter A und B. Das Eigenkapital von A beträgt 50.000 € und das von B 30.000 €. Es wird ein Gewinn von 13.200 € erzielt. Die Gesellschafter entschieden sich für die gesetzlichen Vorschriften für die Verzinsung. Jeder Gesellschafter entnahm im Geschäftsjahr 30.000 € für den Lebensunterhalt.

Berechnen Sie die Kapitalverzinsung, den Restgewinn und das neue Kapital.

Schritte:

- Berechnung der Kapitalverzinsung
  50.000 € • 0,04 = 2.000 € für Gesellschafter A
  Berechnung analog bei Gesellschafter B

- In die Spalte „Gesamtgewinn" werden 13.200 € eingetragen.

- Gesamtgewinn 13.200 € - Kapitalverzinsung 3.200 € ergibt 10.000 €.

- Die 10.000 € Restgewinn werden nach Köpfen verteilt; also 5.000 € pro Gesellschafter.

- Für jeden Gesellschafter: Addition der Kapitalverzinsung und des Restgewinns
  Für Gesellschafter A: 2.000 € + 5.000 € = 7.000 €
  Berechnung erfolgt für Gesellschafter B analog.

- Ermittlung des neuen Kapitals zum 31.12.00:
  Für Gesellschafter A: 50.000 € + 7.000 € - 30.000 € = 27.000 €
  Berechnung erfolgt für Gesellschafter B analog.

Gesell-schafter	Kapital 01.01.00	Kapital-verzinsung	Rest-gewinn	Gesamt-gewinn	Privat-entnahme	Kapital 31.12.00
A	50.000	2.000	5.000	7.000	30.000	27.000
B	30.000	1.200	5.000	6.200	30.000	6.200
	80.000	3.200	10.000	13.200	60.000	33.200

Kommanditgesellschaft

Die KG kann sich durch Geld- und Sacheinlagen des Vollhafters (Komplementär) und des Teilhafters (Kommanditist) Eigenkapital beschaffen. Die Komplementäre haften mit dem Geschäfts- und Privatvermögen, während die Kommanditisten bis zur Höhe ihrer Einlage haften. Die Gesellschafter erhalten eine Verzinsung von 4 % auf ihre Kapitaleinlage (§ 167 - 169 HGB) oder eine vertraglich höhere Verzinsung im Rahmen des Gesellschaftsvertrags.

Stille Gesellschaft

Eine stille Gesellschaft (§§ 230 - 237 HGB; §§ 705 - 740 BGB) stellt ein Vertragsverhältnis zwischen einem Unternehmen und einem Kapitalgeber (stiller Gesellschafter) dar. Der stille Gesellschafter leistet eine Kapitaleinlage und ist für Dritte nicht identifizierbar (daher „stiller" Gesellschafter). Es handelt sich um eine reine Innengesellschaft, und es entsteht keine eigene Firma. Die Kapitalbasis des Unternehmens wird durch die stille Einlage erhöht. Es gibt zwei grundsätzliche Ausprägungen der stillen Gesellschaft:

- ▸ **Typisch stiller Gesellschafter:** Dieser ist nicht an den stillen Reserven beteiligt und hat nur einen Rückzahlungsanspruch auf die Einlage. Daher liegt tendenziell **Fremdkapitalcharakter** vor, und die Einlage wird im Fremdkapital der Bilanz unter „Darlehen stiller Gesellschafter" ausgewiesen.

- ▸ **Atypisch stiller Gesellschafter:** Der stille Gesellschafter wird an den stillen Reserven beteiligt. Daher ist er ein Mitunternehmer im Sinne des § 15 Abs. 1 Nr. 2 EStG. Somit liegt ein **Eigenkapitalcharakter** vor, und die Einlage wird im Eigenkapital („Einlage stiller Gesellschafter") ausgewiesen.

Haftungsfunktion:

Im Außenverhältnis hat der stille Gesellschafter keine Haftung, weil es sich um eine Innengesellschaft handelt. Der atypisch stille Gesellschafter kann wegen der Mitunternehmereigenschaft am Verlust beteiligt werden. Die Verlustbeteiligung kann aber minimiert werden.

Der stille Gesellschafter wirkt i. d. R. nicht an der Geschäftsführung mit. Er hat das Recht, den Jahresabschluss einzusehen (§ 233 HGB).

Die Vorteile der stillen Gesellschaften liegen darin, dass der Unternehmer weiter die Geschäftsführung betreibt, aber zusätzliches Kapital erhält. Die stille Gesellschaft wird nicht ins Handelsregister eingetragen.

5.4.1.2 Kapitalgesellschaften

Zu den Kapitalgesellschaften gehören die GmbH und die AG. Die Eigenfinanzierung wird nachfolgend für die beiden Rechtsformen dargelegt.

Gesellschaft mit beschränkter Haftung (GmbH)

Grundsätzlich kann das Eigenkapital durch Aufstockung der Stammeinlagen und durch Aufnahme neuer Gesellschafter erfolgen. Zur Erhöhung des Stammkapitals ist ein Beschluss der Gesellschafterversammlung mit Dreiviertelmehrheit notwendig.

Neben Geldeinlagen können auch Sacheinlagen eingebracht werden. Nach § 5 Abs. 3 GmbHG muss der Gegenstand der Sacheinlage im Gesellschaftsvertrag festgesetzt werden und in einem Sachgründungsbericht die Angemessenheit der Sacheinlagen dargelegt werden. Das Mindeststammkapital beträgt 25.000 €. Es gibt auch die Möglichkeit einer Unternehmergesellschaft („kleine oder 1-Euro-GmbH"), die man mit 1 € gründen kann.

Aktiengesellschaft (AG)
Das Mindestkapital (Grundkapital) einer AG beträgt 50.000 €. Das Grundkapital setzt sich aus dem Produkt „Nennwert einer Aktie" und „Zahl der Aktien" zusammen. Der Nennwert einer Aktien beträgt mindestens 1 €.

Grundsätzlich können nachfolgende **Aktienarten** unterschieden werden:

► **Stammaktie:** Aktionäre haben Stimmrecht, Recht auf Dividende und Bezugsrecht für junge Aktien. Es gilt der Grundsatz der Gleichberechtigung. Diese Aktienart ist häufig verbreitet in Deutschland.

► **Vorzugsaktie:** Aktionär hat **höheren** Dividendenanspruch als Stammaktionär; dafür wird (häufig) auf das Stimmrecht verzichtet.

► **Alte und junge Aktie:**
  - alte Aktien: Bestand vor der Kapitalerhöhung
  - junge Aktien: ausgegebene Aktien durch die Kapitalerhöhung

► **Inhaberaktie:** Der jeweilige Inhaber stellt den Berechtigten dar. Die Aktie trägt **keinen** Namen.

► **Namensaktie:** Die Aktie trägt den Namen des Aktionärs und ist im Aktienregister dokumentiert.

Rechte der Aktionäre:
► Mitwirken bei Beschlüssen (§ 119 AktG) der Hauptversammlung zur Kapitalerhöhung, Bestellung der Aufsichtsratsmitglieder, Entlastung des Vorstandes, Verwendung des Bilanzgewinns

► Anspruch auf eine Dividende aus dem Bilanzgewinn (§ 174 AktG)

► Auskunftsrecht des Aktionärs gegenüber dem Vorstand auf der Hauptversammlung (§ 131 AktG).

Möglichkeiten der Kapitalerhöhung einer AG:
Die Kapitalerhöhung einer AG kann nur durch eine Mehrheit beschlossen werden, die mindestens drei Viertel des bei der Beschlussfassung vertretenen Grundkapitals umfasst. Weitere Spezifika hinsichtlich der Rolle der Satzung sind in nachfolgenden Paragrafen dokumentiert.

► **Bedingte Kapitalerhöhung:** §§ 192 - 201 AktG

Kapitalerhöhung, z. B. für Belegschaftsaktien, für Umtausch- und Bezugsrechte im Hinblick auf Fusionen. Die Kapitalerhöhung führt zu einer Zunahme an Eigenkapital.

▶ **Genehmigte Kapitalerhöhung:** §§ 202 - 206 AktG

Bei günstigen Situationen wird eine Kapitalerhöhung vollzogen. Die Hauptversammlung ermächtigt den Vorstand für diesen Fall auf 5 Jahre.

Es dürfen nicht mehr als 50 % des gezeichneten Kapitals junger Aktien (Nennwert maßgeblich) ausgegeben werden. Durch die Kapitalerhöhung steigt das Eigenkapital an.

▶ **Ordentliche Kapitalerhöhung:** §§ 182 - 191 AktG

Das gezeichnete Kapital wird bei einer ordentlichen Kapitalerhöhung gesteigert. Es werden neue (junge Aktien) emittiert (ausgegeben). Ein Unternehmen kann eine Emission selbst durchführen oder durch eine Hausbank verwirklichen lassen (Fremdemission).

Durch die Ausgabe junger Aktien nimmt das Aktienangebot zu. Dadurch wird das Verhältnis der Stimmrechte sowie das Vermögen der Altaktionäre berührt. Die jungen Aktien können unter dem Börsenkurs der alten Aktien ausgegeben werden. Um die Stimmrechts- und Vermögensnachteile der Altaktionäre auszugleichen, erhalten die Altaktionäre ein Bezugsrecht auf junge Aktien.

Ordentliche Kapitalerhöhung und Bezugsrecht

Beispiel

Die Wind AG plant mehrere Windparks. Das gezeichnete Kapital von bisher 2 Mio. € soll auf 4 Mio. € erhöht werden. Der Börsenkurs der alten Aktie beträgt 30 € und der Bezugskurs der neuen Aktie 15 €. Die Nennwerte der Aktien lauten jeweils auf 5 € pro Aktie. Darüber hinaus liegen folgende Daten zur Bilanz vor Kapitalerhöhung vor:

Anlage- und Umlaufvermögen 10 Mio. € (davon Bank 1 Mio. €), Kapitalrücklage 100.000 €, Restbetrag auf Passivseite ist Fremdkapital.

Ermitteln Sie das rechnerische Bezugsrecht, den Kurs nach Kapitalerhöhung sowie die neue Bilanz.

Bilanz **vor** Kapitalerhöhung:

AKTIVA			PASSIVA
Anlage- und Umlaufvermögen davon Bank 1 Mio. €	10.000.000 €	gezeichnetes Kapital Kapitalrücklage Fremdkapital	2.000.000 € 100.000 € 7.900.000 €
	10.000.000 €		10.000.000 €

Bilanz **nach** Kapitalerhöhung:

► Das gezeichnete Kapital erhöht sich von 2 Mio. auf 4 Mio. €.

► Bei einem Nennwert von 5 € pro Aktie sind beim gezeichneten Kapital vor Kapitalerhöhung 400.000 Stück und nach Kapitalerhöhung 800.000 Stück im Umlauf.

► Es werden also 400.000 Stück junge Aktien ausgegeben.

400.000 Stück • Börsenkurs 30 €/Stück = 12.000.000 €

Als Kapitalrücklage wird das Agio (Aufgeld: Differenz Bezugskurs und Nennwert der Aktie; hier 15 € - 5 € = 10 €) in Höhe von 4 Mio. € (10 €/St. • 400.000 Stück) eingestellt. Die Kapitalrücklage erhöht sich auf 4,1 Mio. €.

15 €/Stück Bezugskurs • 400.000 Stück = 6.000.000 € Zufluss Konto Bank

AKTIVA				PASSIVA
Anlage- und Umlaufvermögen davon Bank 7.000.000 €	16.000.000 €		gezeichnetes Kapital Kapitalrücklage Fremdkapital	4.000.000 € 4.100.000 € 7.900.000 €
	16.000.000 €			16.000.000 €

Wie hoch ist der Kurs nach der Kapitalerhöhung?

$$\text{Kurs nach Kapitalerhöhung} = \frac{\text{Kurswert alte Aktie} + \text{Kurswert neue Aktie}}{\text{Anzahl alte Aktien} + \text{Anzahl neue Aktien}}$$

$$= \frac{400.000 \cdot 30 + 400.000 \cdot 15}{400.000 + 400.000} = 22{,}50 \text{ €}$$

Wenn kein Bezugsrecht den Altaktionären angeboten wird, dann würde ein Verlust in Höhe von 7,50 € (22,50 € - 30 €) pro Aktie entstehen.

Die Formel für die Ermittlung des Bezugsrechts lautet:

$$\text{Bezugsrecht} = \frac{\text{Börsenkurs alte Aktie} - \text{Bezugskurs neue Aktie}}{\text{Bezugsverhältnis} + 1}$$

$$= \frac{30 - 15}{1 + 1} = 7{,}50 \text{ €}$$

Das Bezugsverhältnis ist 1:1, da sich das gezeichnete Kapital verdoppelt.

Der Ausgleich für Stimmrechts- und Vermögensnachteile bei der Ausgabe junger Aktien beträgt 7,50 €/Stück (rechnerischer Bezugswert). Der Handel der Bezugsrechte findet an der Börse statt. Durch das Zusammenspiel von Angebot und Nachfrage resultiert der Börsenwert.

5.4.2 Mezzanine-Finanzierung

Der Begriff **Mezzanine** bedeutet Zwischengeschoss zwischen zwei Hauptstockwerken.[1] Die Mezzanine-Instrumente weisen hinsichtlich der Interpretation verschiedener Komponenten, z. B. für die Finanzierung, sowohl Eigen- als auch Fremdkapitaltendenzen auf. Bei der Bilanzierung gibt es jedoch kein „sowohl-als-auch", sondern nur ein „entweder-oder". Das bedeutet, dass die Instrumente, nachdem zur Prüfung Kriterien[2] eingesetzt werden, entweder dem Eigen- oder dem Fremdkapital zugeordnet werden.

Kapitalformen	Kriterien
Eigenkapital	► Nachrangigkeit gegenüber den anderen Gläubigern ► Verlustübernahme ► längerfristige Kapitalübernahme ► Vergütung ist abhängig vom Erfolg.
Fremdkapital	► Rückzahlungsanspruch ► fest vereinbarte Vergütung (Zinssatz).

Ob die Mezzanine-Instrumente dem Eigen- oder Fremdkapital zugeordnet werden, hat Auswirkungen auf die Kennzahlen (z. B. Eigenkapitalquote) sowie auf das Rating. Nachfolgend werden die Mezzanine-Instrumente dem Eigen- oder Fremdkapital zugeordnet.

Mezzanine-Instrument	Erläuterung	Zuordnung Eigen- oder Fremdkapital
Nachrangiges Darlehen	Die ordentlichen Kreditgeber werden im Insolvenzfall bevorzugt (daher „nachrangig"). Es wird gegenüber Dritten eine feste, jedoch gegenüber anderen Darlehensformen eine höhere Verzinsung vereinbart.	Fremdkapital
Partiarisches Darlehen	Es wird eine Mindestverzinsung vereinbart, jedoch auch eine Gewinnbeteiligung. Eine Verlustbeteiligung ist nicht möglich. Es besteht eine Nachrangigkeit, jedoch tendenziell Verbindlichkeitscharakter.	Fremdkapital

---

[1] Die Zwischengeschosse sind in manchem Palazzo, z. B. in Venedig, zu besichtigen.

[2] Vgl. *Meyer/Theile*, 2017, S. 158.

Mezzanine-Instrument	Erläuterung	Zuordnung Eigen- oder Fremdkapital
Gesellschafter-darlehen	Gewährung von Darlehen der Gesellschafter von Personen- und Kapitalgesellschaften an die Gesellschaft. In der Handels- und Steuerbilanz erfolgt ein expliziter Ausweis (z. B. Anhang) als Verbindlichkeit.	Fremdkapital
Typische stille Beteiligung	Typische stille Gesellschafter sind am Gewinn beteiligt, jedoch nicht an den stillen Reserven. Es liegen nur eingeschränkte Informations- und Kontrollrechte vor.	Fremdkapital
Atypische stille Beteiligung	Beteiligung an stillen Reserven und Mitunternehmereigenschaft. Kriterium der Nachrangigkeit ist erfüllt und Verlustbeteiligung. Einflussmöglichkeit auf Entscheidungen im Unternehmen.	Eigenkapital
Wandelschuld-verschreibungen	Wandelanleihen werden nach bestimmter Frist in Aktien umgetauscht. Wandelanleihe: feste Verzinsung Der Teil der Wandelanleihe, der nicht in Aktien getauscht wird, muss getilgt werden.	Anleihe: Fremdkapital Aktie: Eigenkapital
Genussscheine	Ein Anspruch auf Gewinnbeteiligung ist vorhanden. Es kann eine feste oder unbefristete Laufzeit gegeben sein. Es kann eine Kündigungsmöglichkeit vereinbart werden. Geringer Einfluss auf Entscheidungen der Gesellschaft möglich.	Wenn Kündigungsmöglichkeit vom Kreditgeber vorhanden, dann Fremdkapital; ansonsten Eigenkapital.

5.4.3 Langfristige Fremdfinanzierung

Nachfolgend werden verschiedene Instrumente der langfristigen Fremdfinanzierung kompakt dargelegt.

Investitionskredit

Der Investitionskredit wird durch das langfristige Darlehen ausgeprägt (§§ 607 - 609 BGB). Die Laufzeit des Darlehens kann z. B. 5 bis 15 Jahre oder länger betragen. Der Kapitalgeber, z. B. eine Geschäftsbank, wird versuchen, die Laufzeit mit einer festen Zinssatzbindung gering zu halten, wenn die Erwartung vorhanden ist, dass die Fremdkapitalzinssätze in der Zukunft ansteigen werden. Der Kreditnehmer wird in derartigen Situationen bestrebt sein, eine möglichst lange Laufzeit für das Darlehen zu vereinbaren, um eine sichere Kalkulationsbasis zu haben.

In der Regel führt der Kreditgeber eine Kreditwürdigkeitsprüfung des Kreditnehmers durch und verlangt eine Sicherheit. Wenn Sachwerte, z. B. Immobilien, als Sicherheit vom Kreditnehmer eingebracht werden, wird der Verkehrswert, heutzutage meist via Software, ermittelt. Es wird eine Beleihungsgrenze vom Verkehrswert festgelegt. Die Höhe des Fremdkapitalzinssatzes orientiert sich an der Ausprägung der Beleihungsgrenze, z. B. 80 % des Verkehrswertes einer Immobilie.

Im Rahmen der Kreditwürdigkeitsprüfung werden die Risiken ermittelt, die mit der Darlehensvergabe sowie mit der geplanten fremdfinanzierten Investition verbunden sind. Der Kreditnehmer wird vom Kapitalgeber, z. B. Geschäftsbank, nach quantitativen (z. B. Bilanzanalyse) und qualitativen (z. B. weiche Faktoren wie Qualifikation des Managements) Kriterien geprüft. Es wird je nach Klassifikation ein Risikoaufschlag auf einen Basiszinssatz festgelegt.

Der Kapitaldienst für das Darlehen setzt sich aus Zinsen und Tilgung zusammen. Es gibt verschiedene Darlehensarten (Abzahlungsdarlehen, Annuitätendarlehen, Blocktilgungsdarlehen), worauf in >> Kapitel 2.3.2 mit Rechenbeispielen eingegangen wurde. Zum Kapitaldienst des Darlehens müssen häufig auch das Disagio (Abgeld oder Damnum), Bearbeitungsgebühren und Bereitstellungszinsen gerechnet werden. Daher sollte sich der Kreditnehmer nicht vom Nominal-Fremdkapitalzinssatz für eine Entscheidung leiten lassen, sondern den Effektivzinssatz berechnen (>> Kapitel 2.3.3).

Schuldscheindarlehen
Schuldscheindarlehen werden von Kapitalsammelstellen (Versicherungen, Banken) an Kreditnehmer mit erster Bonität ausgegeben. Es sollte geprüft werden, ob eine erstklassige Einstufung der börsennotierten Kapitalgesellschaft gegeben ist. Das Schuldscheindarlehen wird nicht über die Börse abgewickelt. Ein Vorteil besteht darin, dass das entsprechende Volumen bei einer Zusage gewährt wird. Allerdings ist der Kreditnehmer von einem Kreditgeber abhängig. Der Zinssatz für Schuldscheindarlehen liegt meist über dem für Industrieobligationen (Schuldverschreibung).

Schuldverschreibung (Industrieobligation)
Bei einer Industrieobligation findet eine Emission über die Börse statt. Die Kreditbeträge (meist abzüglich Disagio) werden gestückelt und von vielen kleinen Kreditgebern bereitgestellt. Der Kreditgeber leistet während der Laufzeit der Industrieobligation einen Zinssatz, der zu einer jährlichen Auszahlung führt. Die Rückzahlung erfolgt am Ende der Laufzeit der Industrieobligation. Während der Laufzeit schwanken meist die Kurse der Industrieobligationen, sodass sich ein Verkauf für den Kreditgeber nicht lohnt. Daher kann möglicherweise ein geringerer Anreiz gegeben sein, Geldkapital für Industrieobligationen zur Verfügung zu stellen. Das bedeutet, dass das benötigte Kapital durch Industrieobligationen nicht „eingesammelt" werden kann.

Wandelschuldverschreibung
Ein börsennotiertes Unternehmen mit Kapitalbedarf (Kreditnehmer) erhält zu einem bestimmten Zeitpunkt nur wenig Kapital, weil der Börsenkurs der Aktie gering ist. Das Unternehmen emittiert eine Wandelanleihe. Der Kreditgeber kann eine oder mehrere Wandelschuldverschreibungen in Aktien umtauschen (Wandel). Hier liegt Mezzanine-Finanzierung (Mischfinanzierung) vor, weil die Aktien Eigenkapital und die Schuldverschreibung Fremdkapital darstellen. Durch den Tausch wird aus der Wandelanleihe eine

Aktie. Die Entscheidung liegt beim Kreditgeber, der bei steigendem Aktienkurs wandeln wird, um Kursgewinne zu realisieren.

Aktienanleihe
Bei einer Aktienanleihe ist der Emittent (Kreditnehmer) der aktive Teil, weil er entscheiden kann, ob er den Anleihebetrag an den Kreditgeber (Anleger) zurückzahlt oder ob er in Höhe des Tilgungsbetrages Aktien bereitstellt.

Optionsanleihe
Bei einer Optionsanleihe findet kein Tausch der Anleihe in eine Aktie statt. Es besteht die Option, zusätzlich zur Anleihe Aktien mit einem Bezugsrecht zu erwerben. Die Optionsanleihen können Optionsscheine beinhalten, die an der Börse gehandelt werden. Eine bestimmte Anzahl an Optionsscheinen berechtigt zum Kauf einer Aktie. Mit den Optionsscheinen bestehen zusätzliche Gewinnchancen (Hebelwirkung), aber auch das Risiko des Verlustes des eingesetzten Kapitals.

Null-Kupon-Anleihen (Zero-Bonds)
Bei Zero-Bonds zahlt der Kreditnehmer dem Kreditgeber die Zinsen inkl. Zinseszins erst am Ende der Laufzeit.

Zinsvariable Anleihen
Bei zinsvariablen Anleihen werden die Zinssätze in Zeiträumen von drei bis sechs Monaten an die variablen Referenzzinssätze wie z. B. EURIBOR, LIBOR angepasst.

EURIBOR steht für **Eur**o **I**nter**b**ank **O**ffered **R**ate und zeigt den durchschnittlichen Zinssatz der europäischen Banken im Interbanken-Kreditgeschäft.

LIBOR steht für **L**ondon **I**nter**b**ank **O**ffered **R**ate und stellt den Referenzzinssatz für Kredite der Banken untereinander dar.

5.4.4 Kurzfristige Fremdfinanzierung
Nachfolgend wird auf mehrere Instrumente der kurzfristigen Fremdfinanzierung eingegangen.

Kontokorrentkredit
Der Begriff „Kontokorrent" stammt aus dem Italienischen und kann mit „laufender Rechnung" übersetzt werden. Der Kontokorrentkredit ist im HGB in § 355 dokumentiert. Beispielsweise gewährt eine Geschäftsbank einem Unternehmer eine **Kreditlinie**, bis zu der er sein Konto bei der Geschäftsbank beanspruchen kann. Derartige Situationen können eintreten, wenn Umsatzrückflüsse von Kunden zeitlich verzögert auftreten, jedoch Löhne und Gehälter sowie Lieferantenrechnungen beglichen werden müssen. Das Kontokorrentkonto kann als Girokonto des Unternehmers bezeichnet werden. Die Kreditlinie kann auch kurzfristig überschritten werden, indem ein **Überziehungskredit** vom Kreditnehmer bei Liquiditätsengpässen in Anspruch genommen wird. Die Sollzins-

sätze für Kredite im Rahmen des Kontokorrents sind auch in Niedrigzinssatzphasen häufig zweistellig ausgeprägt, was zu Kritik gegenüber den Geschäftsbanken führt.

Lieferantenkredit
Im Rahmen eines Kaufvertrags vereinbart beispielsweise ein Unternehmer A mit dem Lieferanten B, dass die Bezahlung der gelieferten Ware nicht sofort, sondern mit einem Zahlungsziel (z. B. zahlbar in 3 Wochen) verbunden ist. Der Lieferant B gewährt dem Unternehmer A einen Lieferantenkredit, weil eine zeitverschobene Zahlung verknüpft ist.

Damit der Lieferant trotzdem früher seine Liquidität erhöhen kann, werden Zahlungsbedingungen vereinbart: „Die Rechnung ist zahlbar innerhalb von 8 Tagen mit 2 % Skontoabzug oder in 30 Tagen ohne Abzug."

Welche Aspekte ergeben sich aus der Skontierungsmöglichkeit?

Durch die Inanspruchnahme des Skontos kann der Unternehmer A seine Verbindlichkeit reduzieren. Der Lieferant B erhält früher, also nach 8 Tagen bereits, seine Forderung vom Kunden zurückerstattet. Welcher Jahreszinssatz ist mit der Skontierung verbunden?

Beispiele

Es gibt verschiedene Möglichkeiten zur Berechnung des Jahreszinssatzes.[1] Für alle Beispiele werden folgende Zahlungsbedingungen für eine Rechnung angenommen: „8 Tage 2 % Skontoabzug oder 30 Tage ohne Abzug".

Beispiel 1: Dreisatz
30 Tage abzüglich 8 Tage ergibt 22 Tage. Die Kreditgewährung des Lieferanten betrifft einen Zeitraum über 22 Tage, wenn die Rechnung nicht skontiert wird.

22 Tage entsprechen 2 % Skonto
360 Tage entsprechen x %

$$x = \frac{2\,\% \cdot 360\,\text{Tage}}{22\,\text{Tage}} = 32{,}73\,\%$$

Der Skontosatz von 2 % beträgt auf ein Jahr bezogen 32,73 %. Das bedeutet, wenn die Rechnung **nicht skontiert** wird, dann verzichtet der Schuldner auf einen Jahreszinssatz von 32,73 %. Die Sollzinssätze der Kontokorrentkonten sind häufig zweistellig. Es lohnt sich, das Kontokorrentkonto zu überziehen und hohen Sollzinssätzen ausgesetzt zu sein, um die Rechnung zu skontieren.

---

[1] Vgl. *Schmolke/Deitermann*, 2017, S. 137.

Beispiel 2: Zinsformel

Beim Beispiel mit dem Dreisatz ist kein Rechnungsbetrag notwendig. Im Rahmen der Zinsformel wird nun ein Betrag von 5.000 € netto unterstellt.

Nettobetrag 5.000 € + 19 % Umsatzsteuer (950 €) = 5.950 € (Rechnungsbetrag)
2 % Skonto von 5.950 € ergibt 119 €.

p = Zinssatz; Z = Zinsen; K = Kapital; t = Tage

Die Zinsen werden mit dem Skontoabzug gleichgesetzt. Der Betrag in Höhe von 5.831 € (5.950 € - 119 €) entspricht K.

$$p = \frac{Z \cdot 360}{K \cdot t}$$

$$= \frac{119 \text{ € } \cdot 360 \text{ Tage}}{5.831 \text{ € } \cdot 22 \text{ Tage}} = 0,33395 \text{ (ca. 33,4 \%)}$$

Das Ergebnis weicht etwas vom Ansatz mit dem Dreisatz ab.

Es gäbe noch einen Ansatz mit einer finanzmathematischen Formel, um den auf ein Jahr umgerechneten Skontosatz zu berechnen. Hierzu wird auf das Buch von Däumler/ Grabe, Grundlagen der Investitions- und Wirtschaftlichkeitsrechnung verwiesen.

Kundenanzahlungen

In verschiedenen Branchen, z. B. Baubranche, Sondermaschinenbau, ist es üblich, vor Leistungserstellung vom Kunden einen Teilbetrag in Form einer Kundenanzahlung zu fordern. Derartige Anzahlungen werden wie folgt begründet:

► Der Lieferant muss Güter einkaufen, um die Leistung erstellen zu können. Bei größeren Beträgen und längeren Produktionsdauern wird die Liquidität des Lieferanten stark belastet.

► Die Anzahlung gilt auch als Sicherheit.

► Durch die Anzahlung setzt der Kunde auch ein Signal, dass er die Leistung abnehmen wird.

Die Höhe der Anzahlung unterliegt der Markt- und Verhandlungsmacht der Vertragspartner.

Wechselkredit

Wenn ein Kunde nicht sofort seine Verbindlichkeiten aus Lieferung und Leistung begleichen kann, dann kann ein Wechselkredit eingesetzt werden. Der Wechsel stellt ein Zahlungsversprechen dar, innerhalb einer bestimmten Frist den Rechnungsbetrag zu begleichen. Somit sind mit einem Wechsel verschiedene Funktionen verknüpft:[1]

- **Finanzierungsfunktion:** Mit einem Wechsel gewährt der Gläubiger (Lieferant) dem Kunden (Schuldner) einen Kredit. Die Zahlung kann somit erst z. B. in 3 Monaten erfolgen. Gründe können darin liegen, dass die Schuldner des Kunden auch verspätet zahlen und die Geschäftsbank die Kreditlinie nicht erhöht.
- **Zahlungsfunktion:** Der Wechselschuldner (Bezogene) kann mit dem Wechsel seine Verbindlichkeit begleichen. Der Wechselgläubiger kann den Wechsel an seine Lieferanten oder an seine Hausbank unter Abzug von Diskont (Zinsabschlag) weitergeben.
- **Sicherungsfunktion:** Der Wechsel stellt ein Wertpapier (Urkunde) dar, das vom Grundgeschäft losgelöst ist, mit dem sich der Schuldner (Bezogene) verpflichtet, an den Gläubiger (Aussteller des Wechsels) den Wechselbetrag zu zahlen. Die Wechselgeschäfte werden durch das Wechselgesetz umrahmt.

Wie ist der Ablauf eines Wechselgeschäftes (Abb. 9)?

1. Der Gläubiger stellt einen Wechsel aus (Aussteller) und legt ihn dem Schuldner (Bezogenen) vor. Der Wechsel wird in dieser Phase als **Tratte** bezeichnet.
2. Der Bezogene akzeptiert den Wechsel und sendet ihn an den Gläubiger zurück. Es entsteht ein **Akzept**.
3. Der Aussteller des Wechsels hat mehrere Möglichkeiten, mit dem Wechsel umzugehen:
   - Er legt den Wechsel am Fälligkeitstag dem Bezogenen vor und fordert die Zahlung des Wechselbetrages.
   - Der Aussteller des Wechsels kann seine Lieferantenverbindlichkeiten (oder Teile davon) mit dem Wechsel begleichen, indem er den Wechsel weitergibt.
   - Der Aussteller des Wechsels reicht den Wechsel bei seiner Hausbank ein. Diese zieht für die vorzeitige Zahlung einen Zinsabschlag (Diskont) ab. Dadurch verfügt der Aussteller des Wechsels sofort über Liquidität. Die Bank legt am Fälligkeitstag dem Bezogenen den Wechsel zur Begleichung vor.

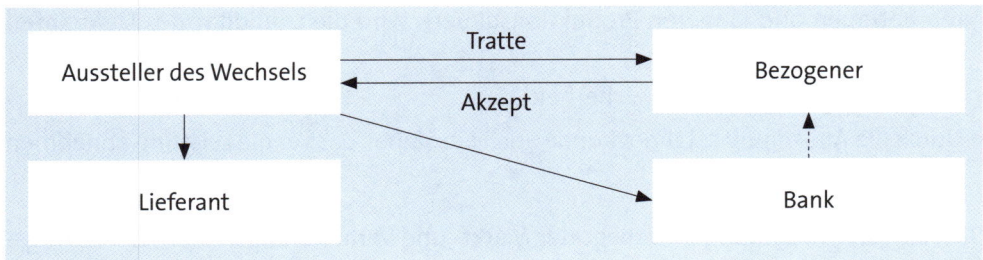

Abb. 9: Wechselkredit

---

[1] Vgl. *Büter, C.*, 2010, S. 322 - 323.

Der Wechselkredit ist mit weiteren Themen behaftet, auf die jedoch in diesem Rahmen nicht weiter eingegangen wird:

► verschiedene Nebenkosten des Wechselgeschäftes

► Regress

► Wechselprotest.

Während der Wechsel im Inland in der Nachkriegszeit bis in die 80er-Jahre des letzten Jahrhunderts eine maßgebliche Rolle spielte, nahm in den letzten Jahren seine Bedeutung im Inland, jedoch nicht im Außenhandel, ab.

Dokumentenakkreditiv
Dokumentenakkreditive (Letter of Credit – L/C) werden im Außenhandel verwendet. Er „ist ein abstraktes und unbedingtes Zahlungsversprechen der Akkreditivbank im Auftrag und für Rechnung des Auftraggebers (applicant) zur Zahlung des Kaufpreises an den Begünstigten (beneficiary).“[1]

Was ist unter Akkreditivbank, Auftraggeber und Begünstigtem zu verstehen? Der grundsätzliche Ablauf des Dokumentenakkreditivs soll durch die Abb. 10 verdeutlicht werden.

Schritte:
1. Exporteur und Importeur vereinbaren das Grundgeschäft (Kaufvertrag).

2. Der Importeur ist der Auftraggeber des Akkreditivs und beauftragt seine Bank (Akkreditivbank), einen Akkreditiv zu eröffnen.

3. Die Akkreditivbank übermittelt die Information der Akkreditiveröffnung der Bank des Exporteurs (Avisbank).

4. Die Avisbank teilt die Akkreditiveröffnung dem Exporteur mit.

5. Nach Prüfung des Kaufvertrags und der Akkreditivbedingungen erfolgt der Versand der Ware an den Importeur.

6. Der Exporteur reicht die im Zusammenhang mit dem Akkreditiv verknüpften Dokumente (z. B. Frachtbrief, → **Konnossement**) bei seiner Bank ein. Erst wenn die Dokumente vorgelegt wurden, kann die Zahlung erfolgen (daher der Begriff Dokumentenakkreditiv).

7. Die Bank des Exporteurs leitet die Dokumente an die Bank des Importeurs weiter, die nach Prüfung der Unterlagen die Zahlung an die Bank des Exporteurs realisiert.

8. Die Avisbank schreibt den Zahlungsbetrag auf dem Kontokorrentkonto des Exporteurs gut.

9. Das Kontokorrentkonto des Importeurs wird belastet. Zudem erhält er die Dokumente, mit denen er die Ware empfangen kann.

---

[1] Vgl. *Büter, C.*, 2010, S. 301.

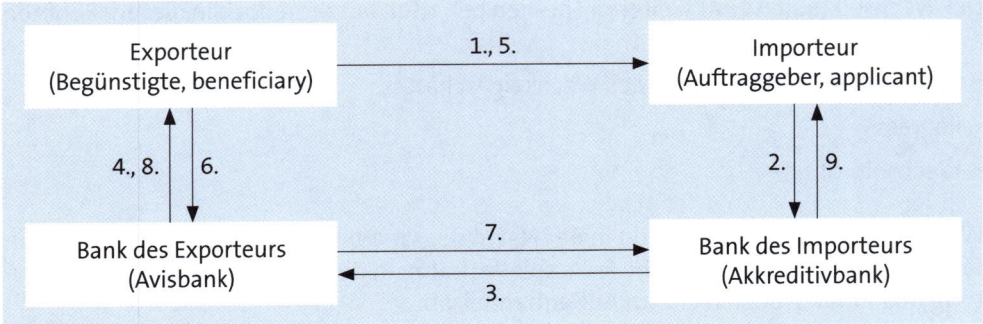

Abb. 10: Dokumentenakkreditiv

Der Dokumentenakkreditiv beinhaltet eine Zahlungssicherung. Durch das Zahlungsversprechen der Akkreditivbank besteht eine Sicherheit zur Zahlung. Das Zahlungsversprechen ist vom Kaufvertrag (Grundgeschäft) losgelöst. Mögliche Mängel an den Waren beeinflussen den Akkreditiv nicht. Der Dokumentenakkreditiv wurde vom Gesetzgeber nicht geregelt. Allerdings gibt es die „Einheitliche(n) Richtlinien und Gebräuche für Dokumentenakkreditive (ERA)" der Internationalen Handelskammer.[1]

Es gibt verschiedene Arten von Dokumentenakkreditiven:[2]

- **Sichtakkreditiv:** Wenn die Akkreditivbank die notwendigen Dokumente erhält, dann muss sie den Betrag an die Avisbank zahlen.

- **unbestätigtes Akkreditiv:** Die Avisbank wirkt bei der Abwicklung des Akkreditivs mit, jedoch geht sie kein eigenes Zahlungsversprechen ein. Ein Zahlungsversprechen geht nur die akkreditiveröffnende Bank des Importeurs ein.

- **bestätigtes Akkreditiv:** Die Bank des Exporteurs gibt ein Zahlungsversprechen zusätzlich zur Bank des Importeurs ab. Derartige Akkreditive werden bei Neukunden sowie Großprojekten eingesetzt, bei denen erhöhte Risiken bestehen.

- **Akzeptakkreditiv:** Wenn der Exporteur die notwendigen Dokumente vorlegt, dann erhält er ein Wechselakzept. Die Zahlung erfolgt nicht durch Übergabe der Dokumente, sondern erst bei Fälligkeit des Wechsels. Somit liegt ein „Nachsicht"-Akkreditiv vor.

- **Remboursakkreditiv:** Das Akzept erhält der Exporteur nicht von der Bank des Importeurs, sondern von einer dritten Bank. Somit entsteht ein zusätzlicher Zahlungsanspruch gegenüber der bezogenen Bank (Remboursbank).

- **Commercial Letter of Credit:** Der Exporteur erhält einen Handelskreditbrief (Commercial Letter of Credit = CLC), mit dem die Akkreditivbank des Importeurs dem Exporteur die Möglichkeit einräumt, Tratten auf bestimmte Bezogene zu erstellen. Die Bezogenen leisten dann die entsprechende Zahlung, wenn die Dokumente vorgelegt werden. Der Exporteur legt die Tratten bei seiner Bank vor, welche die Dokumente ankaufen

---

[1] Vgl. *Büter, C.,* 2010, S. 301.

[2] Vgl. ebenda, 2010, S. 301 - 313.

kann (negoziieren) und einen Anspruch auf Zahlung gegenüber der akkreditiveröffnenden Bank des Importeurs hat. Ein Merkmal des CLC besteht darin, dass die Tratten von jedem „gutgläubigen Erwerber" einzulösen sind („bonafide-Klausel"). Der CLC ist dem Negoziationsakkreditiv ähnlich.

Avalkredit

Im Rahmen eines Avalkredits wird von einer Geschäftsbank kein Kredit ausgegeben. Die Geschäftsbank tritt als Bürge auf. Wenn der Schuldner seine Verbindlichkeit nicht erfüllt, dann haftet die Geschäftsbank selbstschuldnerisch. Neben der Bürgschaft kann eine Geschäftsbank auch eine Garantie abgeben, z. B. für eine Leistungserfüllung des Schuldners. Für derartige Leistungen der Geschäftsbank wird eine Avalprovision fällig.

5.4.5 Sonderformen

Nachfolgend wird kompakt auf die Themen Leasing, Factoring, Forfaitierung und Asset-Backed-Securities eingegangen.

Leasing

Operate Leasing zeichnet sich durch Kurzfristigkeit aus, und es liegt ein Mietvertrag vor. Der Leasingnehmer zahlt eine Leasingrate, und der Leasinggeber schreibt das Leasinggut ab. Der Leasinggeber trägt das Investitionsrisiko.

Beim Finance Leasing liegen längerfristige Leasingverträge vor. Der Leasingnehmer übernimmt die Wartung sowie die Verantwortung für das Leasingobjekt. Das Leasinggut wird beim Leasinggeber bilanziert, wenn die Grundmietzeit mindestens 40 % und höchstens 90 % (Leasingerlass der Finanzbehörden von 1972) der betriebsgewöhnlichen Nutzungsdauer der steuerlichen Abschreibungstabelle beträgt.

Bei einem Leasingvertrag mit Kaufoptionsrecht kann der Leasingnehmer das Leasingobjekt nach der Grundmietzeit erwerben. Der Leasinggeber bilanziert, wenn die Grundmietzeit mindestens 40 % und höchstens 90 % der betriebsgewöhnlichen Nutzungsdauer der steuerlichen Abschreibungstabelle entspricht. Die Bilanzierung beim Leasinggeber setzt voraus, dass der Kaufpreis gleich dem Buchwert ist, der durch lineare Abschreibung ermittelt wird.

Vorteile Leasing	Nachteile Leasing
► steuerliche Absetzbarkeit als Betriebsausgabe	► Leasing ist teurer als Darlehen oder Barkauf
► freie Liquidität für andere Verwendungen	► Leasingraten bleiben bei längerfristigen Verträgen, auch wenn Leasinggut nicht mehr gebraucht wird
► neuester Stand der Technik.	► Leasingnehmer haftet eigentumsähnlich und muss Schäden reparieren; Leasingnehmer ist aber kein Eigentümer.

Factoring

Der Klient, z. B. Gemeinschaftspraxis, schließt mit dem Factor (z. B. Factoring-Gesellschaft) einen Vertrag ab. Der Factor kauft die Forderungen des Klienten unter Abzug von Gebühren, Nebenkosten und Zinsen. Der Klient braucht sich nicht mehr um das Eintreiben der Forderungen zu kümmern (Dienstleistungsfunktion). Sollte eine Forderung ausfallen, dann übernimmt der Factor den Ausfall der Forderung (Delkrederefunktion). Eine weitere Funktion besteht in der Finanzierungsfunktion, da der Klient (Verkäufer der Forderung) vor Fälligkeit der Forderung das Geldkapital zur Verfügung hat.

Unter offenem Factoring versteht man, dass z. B. die Patienten einer Gemeinschaftspraxis erfahren, dass die Forderung an den Factor zu begleichen ist.

Beim stillen Factoring wird der Patient nicht über die Vertragsbeziehung zwischen Gemeinschaftspraxis und Factor informiert. Der Patient zahlt an die Gemeinschaftspraxis. Der Factor zahlt jedoch vor Fälligkeit an den Klienten (Gemeinschaftspraxis). Wenn die Gemeinschaftspraxis die Zahlung des Patienten hat, wird sie an den Factor zurückgezahlt. Der Vorteil für die Gemeinschaftspraxis liegt in dem Liquiditäts- und Zinsgewinn (abzüglich den Kosten für den Factor) während des Zeitraumes für das Zahlungsziel.

Exportfactoring und Forfaitierung

Beim Exportfactoring werden Bündel von kurzfristigen Forderungen aus Konsumgütergeschäften verkauft, während bei der Forfaitierung einzelne Forderungen mit hohen Beträgen aus Investitionsgütergeschäften herangezogen werden. Der Begriff Forfaitierung bedeutet, dass Risiken vollständig („im Bausch und Bogen") übernommen werden. Im Rahmen der echten Forfaitierung werden vom Forfaiteur (Bank) alle Risiken übernommen, während bei der unechten Forfaitierung ein Regress auf den Forderungsverkäufer möglich ist. Das Risiko wird bei der Forfaitierung umfassender als beim Exportfactoring einbezogen, weil auch politische Risiken und Wechselkursrisiken betrachtet werden.

Asset Backed Securities

Der Sachverhalt soll an einem Beispiel erläutert werden.

Ein Unternehmen (z. B. Versandhaus) hat viele einzelne Forderungen gegenüber Schuldnern. Der Forderungsinhaber, das Versandhaus, verkauft ein Bündel an Forderungen an eine Zweckgesellschaft. Aufgrund der Vielzahl der Forderungen sowie einer Vergangenheitsbetrachtung sind die Ausfallwahrscheinlichkeiten und somit die Bonität der Forderungsbündels bekannt. Die Zweckgesellschaft verbrieft (Securitization) die Forderungen und emittiert die Securities (Wertpapiere). Die Zweckgesellschaft refinanziert den Forderungskauf durch Ausgabe von Wertpapieren am Kapitalmarkt. Investoren erstatten den Emissionserlös an die Zweckgesellschaft zurück (back). Die Zweckgesellschaft zahlt Zins und Tilgung an die Investoren.

5.5 Innenfinanzierung

5.5.1 Selbstfinanzierung

Die Selbstfinanzierung kann in eine

- offene und
- stille Selbstfinanzierung

untergliedert werden.

Offene Selbstfinanzierung

Einzelunternehmen und Personengesellschaften können Gewinne ansammeln (Gewinnthesaurierung), um aus den thesaurierten Gewinnen Investitionen ohne Fremdkapitalgeber zu finanzieren. Eine derartige offene Selbstfinanzierung ist auch Ausdruck einer Unabhängigkeit des Unternehmens, durch „eigene Kraft" Kapital anzusammeln. Auf steuerliche Aspekte soll an dieser Stelle nur insofern eingegangen werden, dass auch die thesaurierten Gewinne einer Besteuerung unterliegen können.

Bei einer Aktiengesellschaft sind nach § 150 AktG (Tipp: bitte lesen) jährlich 5 % des um einen Verlustvortrag geminderten Jahresüberschusses in die gesetzliche Rücklage einzustellen, bis die gesetzliche Rücklage und die Kapitalrücklage zusammen mindestens 10 % des Grundkapitals erreichen. Es können zusätzlich auch freie Gewinnrücklagen von dem Teil des Gewinns gebildet werden, der nicht der gesetzlichen oder satzungsmäßigen Rücklagenbildung unterliegt (§ 58 AktG). Dieser letzte Aspekt gilt nach § 29 GmbHG auch für eine GmbH.[1]

Im Rahmen einer Unternehmergesellschaft müssen nach § 5a GmbHG 25 % der Jahresüberschüsse, die um einen Verlustvortrag gemindert werden, in eine gesetzliche Rücklage eingestellt werden, bis die Unternehmergesellschaft das Stammkapital auf 25.000 € aufgefüllt hat.

Die nicht ausgeschütteten Gewinne werden bei Kapitalgesellschaften mit der Körperschaftssteuer und Solidaritätszuschlag besteuert.

Stille Selbstfinanzierung

Die stille Selbstfinanzierung kann durch die Bildung von stillen Reserven (auch stille Rücklagen genannt) erfolgen. Dabei kann die Aktivseite der Bilanz unterbewertet und die Passivseite der Bilanz überbewertet werden.

Grundsätzlich gilt der folgende Zusammenhang:

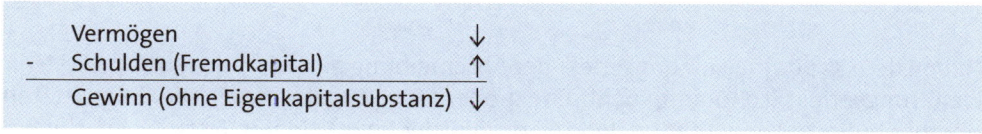

	Vermögen	↓
-	Schulden (Fremdkapital)	↑
	Gewinn (ohne Eigenkapitalsubstanz)	↓

---

[1] Vgl. *Schmolke/Deitermann,* 2017, S. 295.

Unterbewertung der Aktivseite	Durch das Niederstwertprinzip werden die Buchwerte, z. B. beim Anlagevermögen, durch die Abschreibung reduziert. Die verminderten fortgeführten Anschaffungskosten senken den Wert des Vermögens auf der Aktivseite.
	Der Marktwert, z. B. einer Immobilie, ist meist höher als der Buchwert. Die Differenz „Marktwert abzüglich Buchwert" entspricht der stillen Reserve. Durch die Unterbewertung der Aktivseite reduzieren sich der Gewinn sowie die Steuerbemessungsgrundlage. Es entsteht ein Steuer- und Finanzierungseffekt, da „vermiedene Auszahlungen Einzahlungen entsprechen". Die einbehaltenen Finanzmittel erhöhen die Liquidität, um z. B. Investitionen zu realisieren, und führen auch zu einem Zinseffekt.
Überbewertung der Passivseite	Eine Überbewertung ist z. B. durch die Bildung von Rückstellungen möglich. Das Fremdkapital nimmt zu, und die Abzugsgröße bei der Differenz „Vermögen abzüglich Schulden" erhöht sich. Aufgrund der Rückstellungsbildung erhöht sich der Aufwand, der Gewinn sinkt, und ein Steuer-, Liquiditäts- und Zinseffekt werden impulsiert.

5.5.2 Finanzierung aus Kapitalfreisetzung

Die Finanzierung aus Kapitalfreisetzung beinhaltet die Finanzierung aus Umsatzerlösen, die Finanzierung aus Verkauf von Vermögensgegenständen sowie die Finanzierung aus Abschreibungsgegenwerten.

Finanzierung aus Umsatzerlösen	Durch den Verkauf von Produkten entsteht ein finanzieller Rückfluss. Die zurückfließenden Werte bestehen aus dem Produkt „Stückpreis • Menge". Im Stückpreis ist der Gewinn einkalkuliert.
Finanzierung aus Vermögensumschichtungen	Durch den Verkauf von Vermögensgegenständen erfolgt ein monetärer Rückfluss ins Unternehmen. Beispielsweise werden das Anlagevermögen abgebaut und die Zahlungsmittel aufgebaut (Vermögensumschichtung). Die Zahlungsmittel können für andere Investitionen verwendet werden. Wenn die Vermögensgegenstände weiter zur Leistungserstellung notwendig sind, können sie durch „sale-and-lease-back" wieder wirtschaftlich genutzt werden.
Finanzierung aus Abschreibungen	Die kalkulatorischen Abschreibungen fließen über den Betriebsabrechnungsbogen in die Gemeinkostenzuschlagssätze und somit in den Verkaufspreis. Wenn der Kunde das Produkt kauft, dann erstattet er die kalkulatorische Abschreibung zurück. Durch die Ansammlung der Abschreibungsbeträge können **Ersatzinvestitionen** finanziert werden. Dieser Effekt ist der Kapitalfreisetzung zuzuordnen.

Neben dem Kapitalfreisetzungseffekt der Abschreibung gibt es noch den Kapazitätserweiterungseffekt (Lohmann-Ruchti-Effekt oder Marx-Engels-Effekt). Die freigesetzten Abschreibungsgegenwerte werden für **zusätzliche Investitionen** (Nettoinvestitionen) verwendet. Der Sachverhalt wird mit nachfolgendem Beispiel erklärt.

Beispiel

Ein Unternehmen stellt Elektroautos her. Da sich aufgrund von Marktforschungsergeb-
nissen der Absatz deutlich erhöhen wird, beabsichtigt die Geschäftsleitung, 5 **weitere**
Automaten für die Produktion zu beschaffen. Jeder Automat hat eine Nutzungsdauer
von 10 Jahren.

Berechnen Sie den Kapazitätserweiterungsfaktor.

$$\text{Kapazitätserweiterungsfaktor} = 2 \cdot \frac{\text{Nutzungsdauer}}{\text{Nutzungsdauer} + 1}$$

$$\text{Kapazitätserweiterungsfaktor} = 2 \cdot \frac{10}{10 + 1} = 1{,}82$$

Bei 5 geplanten weiteren Automaten ergibt sich: 5 Automaten • 1,82 = 9 Automaten.

Die freigesetzten Abschreibungswerte bewirken eine **langfristige** Kapazitätserweiterung um 9 Automaten auf 14 Automaten.[1]

Der Kapazitätserweiterungsfaktor stellt einen Zustand der Kapazität nach n Jahren
dar. Die neuen und zusätzlichen Automaten werden mit den zurückgeflossenen Ab-
schreibungsmitteln finanziert. Im Laufe der Jahre kommt es jedoch zu Schwankungen
im Bestand, da Automaten aufgrund ihrer Nutzungsdauer auch ausscheiden. Das
Lohmann-Ruchti-Modell beinhaltet verschiedene Schwächen. Dazu gehören beispielsweise:

► Über einen längeren Zeitraum wird ein konstanter technischer Fortschritt unterstellt.

► Es wird angenommen, dass die Nachfrage und somit der Bedarf nach Kapazitätserweiterung über viele Jahre nachhaltig und konstant ist.

► Die Abnutzung der Anlagegüter kann trotz Homogenität unterschiedlich sein.

Der dargelegte Ansatz stellt ein Modell dar, das zur Orientierung eine Hilfestellung
liefern kann.

5.5.3 Finanzierung aus Rückstellungen

Bei der Bildung einer Rückstellung wird ein Aufwand dokumentiert, der den Gewinn in
der GuV reduziert. Somit sinkt die Steuerbemessungsgrundlage, und weniger Finanz-

---

[1] In Anlehnung an *Olfert, K.*, 2011, S. 391 - 394.

mittel werden an das Finanzamt und/oder Gesellschafter ausbezahlt. Es gilt der Grundsatz:

vermiedene Auszahlungen = Einzahlungen

Die verbleibenden Finanzmittel können verzinslich angelegt oder neuen Investitionen zugeführt werden. Somit ist neben dem Steuereffekt auch ein Liquiditäts- und Zinseffekt vorhanden. Die Finanzierung aus Rückstellungen gelingt meist nur ein oder zwei Geschäftsjahre, weil die Rückstellung dann wieder aufgelöst werden muss.

5.6 Finanzplanung

5.6.1 Bestimmungsgrößen des Kapitalbedarfs

Die Bestimmungsgrößen des Kapitalbedarfs hängen von der Branche sowie von der Konjunktur- und Unternehmenssituation ab. Ein Existenzgründer hat möglicherweise einen anderen Kapitalbedarf als ein seit längeren Jahren am Markt etabliertes Unternehmen.

Existenzgründung:
Der Unternehmer benötigt eine Erstausstattung für

► das Anlagevermögen (Grundstück, Gebäude, Maschinen usw.)

► das Umlaufvermögen (Roh-, Hilfs- und Betriebsstoffe, Bankguthaben usw.)

► die erste Produktionsphase zur Begleichung der Lieferantenrechnungen, Löhne, Gehälter usw.

Etablierte Unternehmen:
Das Unternehmen braucht z. B. Kapital

► zur Finanzierung von zusätzlichen Investitionen

► zur Aufrechterhaltung der Leistungserstellung

► zur Tilgung der Kredite.

Weitere Einflussfaktoren des Kapitalbedarfs können beispielsweise sein:

► Der Anfangsbestand, die zeitliche Differenz zwischen den geplanten Ein- und Auszahlungen sowie die Höhe der Ein- und Auszahlungen sind für den Kapitalbedarf maßgeblich.

► Die Preise des Absatz- sowie des Beschaffungsmarktes beeinflussen den Kapitalbedarf.

Wenn der Absatzpreis steigt (bei gleicher Menge), dann erhöht sich der monetäre Rückfluss. Somit finden mehr Einzahlungen statt. Für den Fall des Anstiegs der Preise (z. B. Roh-, Hilfs- und Betriebsstoffe) auf dem Beschaffungsmarkt unter der Voraussetzung konstanter Einkaufsmengen erhöhen sich die Auszahlungen. Die Inputpreise können durch weltwirtschaftliche Gründe (z. B. Ölkrise, politische Auseinandersetzungen usw.) steigen. Derartige Preiserhöhungen sind aufgrund der Diskontinuität schwer prognostizierbar.

► Die Menge kann ein Einflussfaktor auf den Kapitalbedarf sein. Wenn ein Unternehmen zusätzliche Aufträge erhält, dann werden erhöhte Mengen an Gütern produziert. Für den Fall von Überstunden können zusätzliche Auszahlungen anfallen, sodass sich der Kapitalbedarf erhöht. Im Rahmen von zusätzlichen Aufträgen können Erweiterungsinvestitionen getätigt werden, für die ein Kapitalbedarf notwendig wird.

► Bei ausgeprägter Variantenvielfalt steigt der Kapitalbedarf, da geringere Kostendegressionseffekte möglich sind.

► Wenn die Prozessdurchlaufgeschwindigkeit gering ist und Schnittstellenprobleme sowie Leerzeiten auftreten, dann steigt der Kapitalbedarf, da der zeitliche Abstand zwischen Auszahlungen und Einzahlungen aus Verkäufen größer wird.

5.6.2 Ermittlung des Kapitalbedarfs

Im Rahmen der Kapitalbedarfsermittlung sollten verschiedene Grundsätze beachtet werden.

Grundsätze der Kapitalbedarfsermittlung:

► Die Zahlungsströme sowie die Einflussfaktoren für den Kapitalbedarf sollten permanent beobachtet werden.

► Die Höhe der Ein- und Auszahlungen sowie der Eintritt der Zahlungen sollten möglichst genau geschätzt werden.

► Die Kapitalbedarfsermittlung sollte vollständig sein. Darüber hinaus sollte das kaufmännische Vorsichtsprinzip beachtet und Puffer eingebaut werden.

► Die Ein- und Auszahlungen sollten transparent sein. Saldierungen sollten vermieden werden.

► Die Kapitalbedarfsermittlung sollte wirtschaftlich sein.

Der Kapitalbedarf (statischer Ansatz) kann nach der kumulativen und elektiven Methode ermittelt werden. Das nachfolgende Beispiel soll den Sachverhalt verdeutlichen.

Beispiel

Ein innovativer Unternehmer beabsichtigt den Bau von Haushaltsrobotern. Dazu benötigt er eine Halle sowie eine entsprechende Ausstattung mit Maschinen. Er könnte ein Gebäude für 80.000 € erwerben. Die Betriebs- und Geschäftsausstattung schätzt er auf 150.000 €. Er schätzt die weiteren Positionen:

Rohstoff-Lagerdauer 10 Tage, Lieferantenziel 8 Tage, Produktionsdauer 30 Tage, Fertigerzeugnis-Lagerdauer 10 Tage, Kundenziel 30 Tage.

Durchschnittlicher täglicher Werkstoffeinsatz 10.000 €, durchschnittlicher täglicher Lohneinsatz 8.000 €, durchschnittlicher täglicher Gemeinkosteneinsatz 5.000 €

Ermitteln Sie den Kapitalbedarf (statischer Ansatz) nach der kumulativen und nach der elektiven Methode.

Lösung:

Kumulative Methode:
Anlagekapitalbedarf: 80.000 € + 150.000 € = 230.000 €
Umlaufkapitalbedarf: (30 Tage + 10 Tage + 30 Tage + 10 Tage - 8 Tage) • (10.000 €/Tag + 8.000 €/Tag + 5.000 €/Tag) =
72 Tage • 23.000 €/Tag = 1.656.000 €

Gesamtkapitalbedarf = 230.000 € + 1.656.000 € = 1.886.000 €

Elektive Methode:
Die Darlegung des Sachverhalts sollte in grafischer Form oder mit einer Tabelle erfolgen.

Kapitalbindung der ... in Tagen	Rohstofflager	Produktion	Fertigerzeugnis-Lager	Kundenziel
Gemeinkosten 80	10	30	10	30
Löhne 70		30	10	30
Werkstoffe 72	10 - 8 (Lieferantenziel)	30	10	30

Wesentlich ist, dass das Lieferantenziel abgezogen wird, weil der Lieferant durch das Zahlungsziel einen Kredit gibt.

Anlagekapitalbedarf: 80.000 € + 150.000 € = 230.000 €

Umlaufkapitalbedarf:
Werkstoffe: 72 Tage • 10.000 €/Tag
Löhne: + 70 Tage • 8.000 €/Tag
Gemeinkosten: + 80 Tage • 5.000 €/Tag = 1.680.000 €

Gesamtkapitalbedarf = 230.000 € + 1.680.000 € = 1.910.000 €

5.6.3 Finanzplan

5.6.3.1 Grundsätzliches

Der Finanzplan stellt die zukünftigen Einnahmen und Ausgaben dar. Aufgrund der Berücksichtigung der Zeit wird der Finanzplan der **dynamischen Liquidität** zugeordnet.

Finanzplan:
Es gibt verschiedene Möglichkeiten, einen Finanzplan zu erstellen:

► Die Planung eines Unternehmens besteht aus mehreren Teilplänen. Dazu gehören der Absatzplan, der Beschaffungsplan, der Produktionsplan, der Personalplan, der Investitionsplan und der Finanzplan. Der Finanzplan stellt somit einen Teilplan dar. Um einen Finanzplan (sowie alle anderen Pläne) aufstellen zu können, sollte vom Absatzplan ausgegangen werden. Wenn weniger Güter produziert werden, dann sinkt auch der Kapitalbedarf (im umgekehrten Fall steigt der Kapitalbedarf).

► Eine engpassorientierte Finanzplanung geht davon aus, dass der Engpass als Ausgangspunkt betrachtet wird.

► Wenn nicht dem Absatzbereich eine Planungspriorität zugeordnet wird, dann kann ein anderer Plan, z. B. der Investitionsplan, die Ausgangssituation für die Finanzplanung bestimmen. Es werden dann die Pläne sukzessive (nacheinander) abgearbeitet. Das bedeutet, dass nach Aufstellen des Investitionsplans die Folgeauszahlungen der anderen verbundenen Teilpläne berücksichtigt werden. Beispielsweise wird für zusätzliche Maschinen das entsprechende Personal benötigt. Daher wird der Personalplan, jedoch auch der Absatzplan integriert, da die Auslastung der Mitarbeiter und Maschinen nachhaltig gewährleistet sein sollte.

► Die Teilpläne können ihren Finanzbedarf simultan melden. Der Kapitalbedarf wird kumuliert. Es können Budgetschnitte, wie beim Zero-Base-Budgeting, erfolgen. Bei diesem Verfahren kann Bottom-up, Top-down oder mit dem Gegenstromverfahren der Kapitalbedarf ermittelt werden. Mathematisch könnten durch ein Gleichungssystem über alle Funktionsbereiche die geplanten Ein- und Auszahlungen erfasst und ein optimaler Kapitalbedarf berechnet werden.

Verfahren, die zur Erstellung eines Finanzplans eingesetzt werden können, sind:

► Delphi-Methode: Expertenbefragung, die nach der ersten Runde (a priori) mit einer Prämissenklausur fortgesetzt werden kann. Es ist auch eine zweite schriftliche Delphi-Runde denkbar, wenn die Ergebnisse der ersten Expertenbefragung bekannt sind (a posteriori)

► Es kann eine Trendextrapolation mit oder ohne eine Szenarioanalyse eingesetzt werden.

► Es können Schätzungen mit Analogieschlüssen zu den Vorjahren durchgeführt werden.

► Es können mathematische Verfahren (Gleichungssysteme, Mittelwertverfahren, exponentielle Glättung ...) angewandt werden, um den Finanzplan aufzustellen.

Arten von Finanzplänen:

Art	Erläuterung
kurz-, mittel- und langfristiger Finanzplan	▸ Langfristiger Finanzplan (größer fünf Jahre) dient der Aufrechterhaltung der strukturellen Liquidität. Es besteht ein Zusammenhang zur strategischen Planung. Die Eigenkapitalquote und die goldene Bilanzregel könnten als Zielkennziffern eingesetzt werden.
	▸ Mittelfristige Finanzpläne (zwischen 1 und 5 Jahren) sind taktische Pläne, die je nach Situation angepasst werden. Sie stellen ein Bindeglied zwischen dem lang- und kurzfristigen Finanzplan dar.
	▸ Kurzfristige Finanzplan (kleiner als 1 Jahr): operative Planung mit dem Ziel der Sicherstellung der Liquidität und Rentabilität.
ordentlicher Finanzplan außerordentlicher Finanzplan	▸ **Ordentlicher** Finanzplan: Zahlungsströme aus dem operativen gewöhnlichen Geschäft (Umsatzprozesse).
	▸ **Außerordentlicher** Finanzplan: Neben dem Umsatzprozess fallen außerordentliche Investitionen an, die finanziert werden müssen.
einmalige Finanzpläne	Finanzpläne für Gründung, Fusion
elastische Finanzpläne	Anpassung des Finanzplans an veränderte Umweltzustände (während des Jahres); der Einsatz von Umfeldanalysen sowie der Szenariotechnik sind zu empfehlen. Unterschiedliche Alternativen (worst case, best case) werden nebeneinander aufgestellt.
rollierende Finanzpläne	Hierbei werden die länger- und mittelfristigen Finanzpläne mit den Detailplänen verknüpft und zu Beginn des Jahres festgelegt. Bei Abweichungen der Detailpläne im Rahmen z. B. monatlicher oder quartalsweiser Überprüfung finden Anpassungen bei den mittel- und langfristigen Plänen statt, die um den Planungshorizont (z. B. 5 Jahre) fortgeschrieben werden.

5.6.3.2 Liquiditätsplanung und -steuerung

Der kurzfristige Finanzplan dient dazu, die Liquidität des Unternehmens zu gewährleisten. Dabei sollen die Einzahlungen die Auszahlungen decken und ein Überschreiten der Kreditlinie beim Kontokorrentkredit vermieden werden, um nicht hohe Sollzinssätze bezahlen zu müssen. Auf der anderen Seite sollte die Liquidität nicht zu hoch sein, da meist die Bestände auf den Kontokorrentkonten gering oder gar nicht verzinst werden. Neben den Ein- und Auszahlungen spielen die Anfangs- und Endbestände an Zahlungsmitteln (Kassenbestand, Bankbestände) eine Rolle.

Je nach Unternehmensgröße wird der Liquiditätsstatus pro Tag, Woche oder Monat ermittelt. Wenn die zukünftigen Einnahmen und Ausgaben integriert werden, dann entsteht ein Liquiditätsplan.

Beispiel

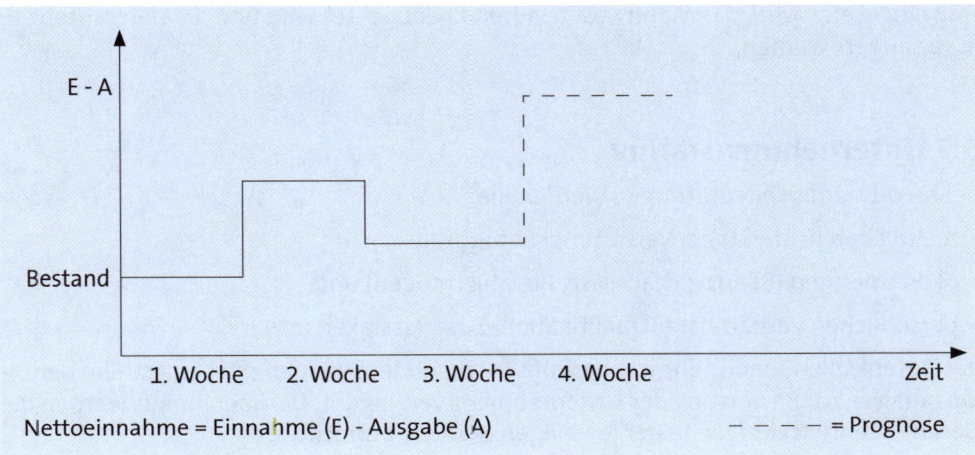

Abb. 11: Kurzfristiger Liquiditätsplan

5.6.3.3 Deckung des Kapitalbedarfs und Liquiditätssteuerung

Im Rahmen des Finanzplans werden die voraussichtlichen Einnahmen und Ausgaben dargelegt. Die Einnahmen und Ausgaben sollten laufend beobachtet werden. Grundsätzlich kann ein Soll-Ist-Vergleich die Abweichungen dokumentieren. Bei der Finanzplanung sollte der Soll-Ist-Vergleich präventiv und vorausschauend erfolgen, damit Maßnahmen ergriffen werden können, um beispielsweise eine Illiquidität abzuwenden.

Überdeckung: Eine Überdeckung (mehr Einzahlungen als Auszahlungen) sollte auf ihre Nachhaltigkeit untersucht werden. Wenn es sich um eine kurzfristige Überdeckung handelt, dann sollten die Finanzmittel als Puffer für zukünftige Auszahlungen verwendet werden. Es sind kurzfristige verzinsliche Anlagen zu empfehlen, die täglich oder monatlich gekündigt werden können.

Liquiditätssteuerung: Für den Fall einer nachhaltigen oder größeren Überdeckung sollte geprüft werden, ob die Liquidität in rentable Investitionen übergeführt werden kann. Darüber hinaus können Kredite, wenn vorhanden, mit der Überdeckung getilgt werden.

Unterdeckung: Die Verbindlichkeiten können nicht durch Zahlungsmittel gedeckt werden. Die Liquidität ist gefährdet.

Liquiditätssteuerung: Eine Möglichkeit besteht darin, dass der Kontokorrentkredit erhöht oder umgeschuldet wird. Zudem kann zusätzliches Eigenkapital der Gesellschaft eingelegt werden, um die Zahlungsmittelbestände zu erhöhen und die Unterdeckung auszugleichen.

Im Falle einer Unterdeckung sollte geprüft werden, ob auf zukünftige Investitionen verzichtet wird, Lagerbestände abgebaut werden, Kundenziele verkürzt werden, Factoring eingesetzt wird, das Mahnwesen laufend beobachtet wird und die Lieferantenziele verlängert werden.

5.7 Unternehmensrating

Bei Kreditwürdigkeitsprüfungen werden die

- rechtlichen (Güterstand, Vertretungsbefugnis usw.),
- ökonomischen (Bilanzverhältnisse, Privatvermögen) und
- persönlichen Verhältnisse (Qualifikation, Zuverlässigkeit usw.)

des potenziellen Kreditnehmers geprüft. Insbesondere werden die Kennzahlen der Bilanzanalyse zur Bewertung des Unternehmens verwendet. Darüber hinaus werden die Geschäftsentwicklungen in der jeweiligen Branche betrachtet.

Basel II beinhaltet gegenüber Basel I keine einheitliche, sondern eine bonitätsabhängige individuelle Unterlegung von Eigenkapital bei der Ausgabe von Krediten. Für den individuellen Ansatz wird ein Rating verwendet, das den Kreditnehmer klassifiziert. Mit den Ratingnoten (z. B. AAA …) wird auch die Eigenkapitalunterlegung bestimmt. Mit dem Rating kann die Ausfallwahrscheinlichkeit für den Kredit geschätzt werden. Je höher die Ausfallwahrscheinlichkeit ist, desto höher ist der Zinssatzzuschlag auf einen Basiszinssatz. Für die Schätzung der Ausfallwahrscheinlichkeit wird eine quantitative und qualitative Analyse durchgeführt. Dazu gehören die Bilanzanalyse (quantitativ) sowie die Bewertung der qualitativen Faktoren (z. B. Risiken, Managementsystem, Qualifikation des Managements …). Die Prüfpunkte werden bewertet und einer Kredit- und Ausfallklasse zugeordnet (Diskriminanzanalyse). Das Rating kann von der Bank und/oder von einer externen Ratingagentur durchgeführt werden. Insgesamt führt ein Rating zu mehr Transparenz und erhöht den Informationsstand. Das Ziel der Bank besteht darin, dass der Kredit zurückbezahlt wird.

Vorteile	Nachteile
„objektive" Beurteilung durch Dritte	Kosten für die Durchführung des Ratings
Rating kann für Öffentlichkeitsarbeit verwendet werden	Unternehmensführung wird auf Einhaltung der Ratinganforderungen ausgerichtet
Rating kann Voraussetzung für Kapitalmarktzugang sein	Mehrere Ratings von unterschiedlichen Institutionen führen häufig zu verschiedenen Ergebnissen.

Um eine positive Ratingklasse zu erhalten, sollte der Unternehmer ein Risikomanagement durchführen. Das Risikomanagement beinhaltet

- die Risikoidentifikation,
- die Risikobewertung und
- die Risikovermeidung.

Beispiel

Die Gesamtkapitalrendite kann als ein quantitatives Kriterium für das Rating betrachtet werden. Ein Bestandteil der Formel ist der Gewinn. Wenn der Gewinn sinkt, dann sinkt die Gesamtkapitalrendite, wenn alle anderen Faktoren gleich bleiben. Im Rahmen einer Risikoanalyse geht es darum, Einflussgrößen zu ermitteln (Risikoidentifikation), welche zu einer Gewinnminderung führen können.

- Wegfall der drei größten Kunden
- Verbraucherverhalten ändert sich (z. B. schnelle Lieferung ist kein Wettbewerbsvorteil mehr)
- technischer Fortschritt (z. B. Smartphones werden überflüssig).

Die Risiken werden mit Eintrittswahrscheinlichkeiten bewertet. Hierbei kann man auf subjektive Erfahrungen der Analytiker oder auf Statistikmodelle zurückgreifen (Risikobewertung). Die **Risikovermeidung** kann realisiert werden, indem z. B. langfristige Verträge mit den größten Kunden abgeschlossen werden.

Die Kennzahlen im Rahmen der Bilanzanalyse können mithilfe des Controllings beobachtet werden. Für die Kennzahlen werden Sollwerte aufgestellt, die häufig auch zur Leistungssteigerung der Mitarbeiter dienen. Die Sollwerte werden in bestimmten Zeitintervallen mit den Ist-Werten der Kennzahlen verglichen. Der Controller analysiert die Abweichung und kann dem Management Maßnahmen zur Gegensteuerung vorschlagen.

Beispiel

Für die Eigenkapitalquote einer Aktiengesellschaft wird zum 31.12.00 ein Soll-Wert von 30 % vorgegeben. Der Finanzcontroller des Unternehmens stellt fest, dass die Eigenkapitalquote 20 % beträgt. Da die Eigenkapitalquote auch ein Element für das Rating ist, soll die Eigenkapitalquote erhöht werden. Der Finanzcontroller schlägt für das nächste Geschäftsjahr eine Gewinnthesaurierung sowie ein Minderung der Dividende für die Aktionäre vor.

 **MERKE**

Aufgrund des großen Umfangs des Kapitels kann lediglich auf ausgewählte Sachverhalte zusammenfassend eingegangen werden.

- ▶ Zur Unterscheidung der Finanzierungsquellen können Kriterien wie Fristigkeit, Kapitalherkunft, Rechtsstellung der Kapitalgeber und/oder Einfluss auf den Vermögens- und Kapitalbereich verwendet werden.

- ▶ Die Außenfinanzierung wird in Beteiligungs- und Fremdfinanzierung unterteilt. Zur Innenfinanzierung zählen z. B. die Finanzierung aus Abschreibungen sowie die Gewinnthesaurierung.

- ▶ Für eine akzessorische Sicherheit wird eine Forderung benötigt. Prominente Beispiele sind die Bürgschaft und die Hypothek

- ▶ Eine fiduziarische Sicherheit setzt keine Forderung voraus. Beispiele sind die Grundschuld und die Patronatserklärung.

- ▶ Die selbstschuldnerische Bürgschaft kommt häufig vor, weil der Bürge an den Kreditgeber sofort selbst zahlen muss, wenn der Kreditnehmer die Zahlungsverpflichtung nicht leistet.

- ▶ Bei der Schuldenübernahme haftet eine dritte Person für die Schulden des Kreditnehmers.

- ▶ Statt des einfachen Eigentumsvorbehalts wird bei Weiterverarbeitung und -veräußerung der verlängerte Eigentumsvorbehalt eingesetzt.

- ▶ Im Rahmen der Sicherungsübereignung wird der Kreditgeber Eigentümer und der Kreditnehmer Besitzer einer beweglichen Sache.

- ▶ Bei einer offenen Zession (Forderungsabtretung) wird der Drittschuldner über die Abtretung informiert, während dies bei einer stillen Zession nicht der Fall ist.

- ▶ Die Beteiligungsfinanzierung erfolgt durch Einlagen des Einzelunternehmers (auch Einlagenfinanzierung genannt) oder durch Gesellschafter z. B. bei einer OHG, KG.

- ▶ Bei einer Aktiengesellschaft kann durch eine ordentliche Kapitalerhöhung den Altaktionären ein Ausgleich für Stimmrechts- und Vermögensnachteile durch einen rechnerischen Bezugswert angeboten werden, wenn junge Aktien ausgegeben werden.

- ▶ Die Instrumente der Mezzanine-Finanzierung weisen tendenziell Eigen- und Fremdkapitalcharakter auf. Im Rahmen der Bilanzierung gibt es jedoch kein „sowohl-als-auch", sodass eine eindeutige Zuordnung zum Eigen- oder Fremdkapital erfolgen muss.

- ▶ Es gibt verschiedene Darlehensarten: Abzahlungsdarlehen, Annuitätendarlehen, Blocktilgungsdarlehen. Für ein Darlehen fällt ein Kapitaldienst (Zinsen, Tilgung) an.

► Im Rahmen eines Lieferantenkredits sollte ein angebotener Skontoabzug vom Kunden genutzt werden, da Skonto einem Jahreszinssatz von 30 bis 40 % entspricht. Der Kunde sollte auch zweistellige Überziehungszinsen beim Kontokorrentkredit akzeptieren, um skontieren zu können.

► Der Wechselkredit beinhaltet eine Finanzierungsfunktion, weil der Schuldner (Kunde) eine Verlängerung des Zahlungsziels erhält. Der Aussteller des Wechsels kann den vom Schuldner akzeptierten Wechsel (Akzept) am Fälligkeitstag dem Bezogenen vorlegen, an eigene Lieferanten weitergeben oder bei der Hausbank unter Abzug von Diskont (Zinsabschlag) einreichen.

► Der Dokumentenakkreditiv wird im Außenhandel eingesetzt. Er stellt ein Zahlungsversprechen der Akkreditivbank (Bank des Importeurs) dar, an den Begünstigten (Exporteur) im Auftrag des Importeurs den vereinbarten Zahlungsbetrag für eine Warenlieferung gegen Vorlage der Dokumente (Frachtbrief, Konnossement) zu zahlen.

► Leasing eignet sich, um die Kapitalbindung im Anlagevermögen zu senken. Zudem hat der Leasingnehmer den neuesten Stand der Technik. Dabei unterscheidet man zwischen Operate Leasing (kurzfristig; Mietvertrag) und Finance Leasing (langfristig). Beim Finance Leasing fällt eine Leasingrate an. Zudem kann der Leasingnehmer den Leasinggegenstand nach der vereinbarten Vertragsdauer kaufen.

► Die offene Selbstfinanzierung wird durch Ansammlung von Gewinnen (Gewinnthesaurierung) vollzogen. Bei der stillen Selbstfinanzierung werden z. B. stille Reserven durch Unterbewertung der Aktiva erzeugt. Dadurch sinkt der Gewinn, die Ausschüttung an die Gesellschafter sowie die Steuerbelastung. **Vermiedene Auszahlungen sind wie Einzahlung zu bewerten.**

► Die Finanzierung aus Kapitalfreisetzung erfolgt durch Umsatzerlöse (Rückflüsse vom Absatzmarkt), durch Vermögensumschichtung (Verkauf von Vermögensgegenständen und eventuell anschließendes Leasing: Sale-and-lease-back) sowie durch Finanzierung aus Abschreibungen.

► Die Finanzierung aus Abschreibungen im Rahmen des Kapitalfreisetzungseffektes betrifft Ersatzinvestitionen. Die kalkulatorischen Abschreibungen werden in den Verkaufspreis einberechnet und fließen über den Absatzpreis an das Unternehmen zurück.

► Der Lohmann-Ruchti-Effekt stellt ein Modell dar, das für die Finanzierung aus Abschreibungen für zusätzliche Investitionen gestaltet wurde. Die freigesetzten Abschreibungen fließen sofort in neue Investitionen. Mit dem Kapazitätserweiterungsfaktor kann man den Bestand an Maschinen über **längere** Zeiträume berechnen. Diese langfristige Betrachtung durch den Kapazitätserweiterungsfaktor ist jedoch kritisch, da über längere Zeiträume z. B. der technische Fortschritt berücksichtigt werden muss, was im Modell nicht der Fall ist, weil ein konstanter Stand der Technik angenommen wird. Das Modell stellt trotz der Kritik eine Orientierungshilfe für die Finanzierung aus Investitionen dar.

- ▸ Der Kapitalbedarf kann für Existenzgründer und etablierte Unternehmen ermittelt werden. Dabei ist i. d. R. das Anlagevermögen, das Umlaufvermögen und/oder die Tilgung von Krediten zu finanzieren. Für die Ermittlung des Kapitalbedarfs für das Umlaufvermögen kann die kumulative oder elektive Methode eingesetzt werden.

- ▸ Die Finanzplanung eines Unternehmens kann in eine langfristige, mittelfristige und kurzfristige Finanzplanung untergliedert werden.

- ▸ Ein kurzfristiger Finanzplan dient der Liquiditätsplanung, indem für bestimmte Zeitintervalle (z. B. Wochen, Monate) die Einnahmen und Ausgaben dokumentiert werden.

6. Klausurtraining mit Tipps

Zur Vorbereitung auf das Fach „Finanzierung und Investition" sollten Sie die aktuelle Lage auf dem Geld- und Kapitalmarkt beobachten. Der Teilbereich „Investition" ist übungsintensiv. Nutzen Sie die Übungsaufgaben in diesem Buch. Die Begriffe sollten laufend wiederholt werden. Eine mögliche Lernstrategie besteht darin, eine halbe Stunde von dem Einschlafen die wichtigsten Fachbegriffe sich nochmals vorzusagen.

Die nachfolgenden Ausführungen sollen in kurzer Form wesentliche Tipps zur Bearbeitung einer Klausur im Fach „Finanzierung und Investition" aufzeigen.

▶ Wenn die Prüfungsaufgabe auf dem Tisch liegt, nicht sofort mit der ersten Aufgabe beginnen. Geben Sie sich ca. zwei Minuten Zeit, um sich einen Überblick über die geprüften Themen zu verschaffen.

▶ Fertigen Sie eine Präferenzordnung an. Das Ziel besteht in einer maximalen Punktzahl. Beginnen Sie mit der Aufgabe, die vollständig und mit der Erwartung einer hohen Punktzahl bearbeitet werden kann. Das schafft Sicherheit und Selbstvertrauen.

▶ Wesentlich ist bei den Aufgaben, dass die Rechenwege transparent aufgezeigt werden. Formeln allgemein dokumentieren und dann nachvollziehbar einsetzen. Bei komplexen Aufgabenstellungen begründen Sie kurz verbal Ihre Vorgehensweise.

▶ Beachten Sie die Fragestellungen. Bei „Nennen" wird eine Aufzählung, auch mit Stichworten, erwartet. Bei „Erklären Sie", „Erläutern Sie" oder Beschreiben Sie" sollten zusammenhängende Sätze dokumentiert werden.

▶ Unterschätzen Sie die Klausur nicht. Trainieren Sie mindestens sechs bis acht Wochen vor der Klausur täglich die Begriffe.

1. Analysieren finanzwirtschaftlicher Prozesse unter zusätzlicher Berücksichtigung des Zeitelements

Aufgabe 1:

Erklären Sie, wie der betriebliche Leistungsprozess und die Finanzwirtschaft zusammenhängen.

Lösung s. Seite 153

Aufgabe 2:

Die Metallbau GmbH dokumentiert folgende Aussage in ihrem Leitbild: „Wir investieren in unsere Mitarbeiter. Daher unterstützen wir sie bei Fort- und Weiterbildungen. Dadurch erhöht sich die Qualität unserer Produkte, die Kunden- und Mitarbeiterzufriedenheit. Zudem investieren wir 10 % unseres jährlichen Umsatzes in Forschung und Entwicklung."

a) Erläutern Sie, ob eine Investition bei Fort- und Weiterbildungen im Sinne des Handelsgesetzbuches vorliegt.

b) Erläutern Sie, ob bei eigener Forschung und Entwicklung der Metallbau GmbH eine Investition im Rahmen des Handelsgesetzbuches gegeben ist.

c) Erklären Sie den Unterschied zwischen einer Investition und dem Verbrauch von Inputgütern.

Lösung s. Seite 153

Aufgabe 3:

Die zwei Geschäftsführer der Metallbau GmbH diskutieren über Liquidität und Rentabilität im Rahmen der geplanten Anschaffung einer großen Produktionsanlage.

Geschäftsführer A: „Ich empfehle, eine hohe Liquidität anzustreben."

Geschäftsführer B: „Bei einer Investition in eine große Produktionsanlage sind wir zu stark gebunden."

Wägen Sie beide Vorgehensweisen ab.

Lösung s. Seite 153

Aufgabe 4:

Die Geschäftsleitung der Metallbau GmbH entscheidet sich für die Investition „große Produktionsanlage", mit der 30 % des zukünftigen Umsatzes generiert werden. Das Investitionsvolumen beträgt 10 Mio. € (davon 80 % Eigenkapital). Die beiden Geschäftsführer diskutieren über die zukünftigen Risiken und den Einsatz eines Instrumentariums, um die zukünftigen Entwicklungen abzubilden. Unterstützen Sie die Geschäfts-leitung, indem Sie drei externe Risiken sowie zwei Instrumente vorschlagen.

Lösung s. Seite 154

Aufgabe 5:

Das Unternehmen Solar Müller e. K. weist zum 31.12.00 nachfolgende Bilanz auf. Wei-tere Daten sind: Gewinn 70.000 € (inkl. Fremdkapitalzinsen 8.000 €, inkl. Abschreibun-gen 20.000 €).

AKTIVA		Bilanz 31.12.00	PASSIVA
	T€		T€
I. Anlagevermögen	100	I. Eigenkapital	150
II. Umlaufvermögen		II. Fremdkapital	
Vorräte	70	- langfristig	30
Forderungen a. LL	20	- kurzfristig	20
Zahlungsmittel	10		
Bilanzsumme	200	Bilanzsumme	200

Ermitteln Sie die folgenden Kennzahlen und interpretieren Sie diese hinsichtlich der Finanzwirtschaft:

► Eigenkapitalquote

► goldene Bilanzregel

► Liquidität II

► Net Working Capital

► dynamischer Verschuldungsgrad

► Gesamtkapitalrendite.

Lösung s. Seite 155

Aufgabe 6:

Ein Unternehmen verfügt über eine Eigenkapitalquote von 25 % bei einem Gesamtka-pital von 5 Mio. €. Aufgrund einer expansiven Ausrichtung des Unternehmens werden zusätzlich 10 % Fremdkapital bei einer Bank aufgenommen (Fremdkapitalzinssatz 3 %).

a) Lohnt sich die Aufnahme des Fremdkapitals für die Kapitaleigner, wenn die Ge-samtkapitalrendite vor der Kapitalaufnahme 15 % beträgt?

b) Welche Bedingung muss gegeben sein, damit der Leverage-Effekt eintritt?

Lösung s. Seite 156

Aufgabe 7:

Ein Finanzcontroller schlägt seinem kaufmännischen Leiter Maßnahmen vor, um den Wert der Kennzahl „Working Capital" zu verbessern. Unterstützen Sie ihn, indem Sie drei Ansätze erläutern.

Lösung s. Seite 157

Aufgabe 8:

Erläutern Sie anhand von drei Argumenten die Kritik an den Liquiditätskennzahlen.

Lösung s. Seite 157

Aufgabe 9:

Erläutern Sie anhand von zwei Argumenten, welche finanzwirtschaftlichen Effekte aus einer Return-on-Investment-Analyse gezogen werden können, um eine Erhöhung der Kennzahl zu bewirken.

Lösung s. Seite 157

2. Vorbereiten und Durchführen von Investitionsrechnungen einschließlich der Berechnung kritischer Werte

Aufgabe 1:

Die Watch GmbH stellt Uhren für verschiedene Zielgruppen her. Mehrere Konkurrenten automatisierten letztes Jahr ihre Produktionen. Daher wird ein Controller beauftragt, eine Untersuchung durchzuführen, ob die Umstellung der Produktion auf Roboter im Inland oder die manuelle Fertigung in einem südosteuropäischen Land vorteilhafter ist. Es liegen folgende Daten vor:

Roboter:

- Anschaffungskosten 3 Mio. €
- Restwert 200.000 €
- Nutzungsdauer 10 Jahre
- Kalkulationszinssatz 5 %
- Gehälter (anteilig) 20.000 €
- Materialkosten 10 € pro Stück
- Energie 0,08 € pro Stück.

Manuelle Fertigung:

- Fixe Kosten Anlagen 200.000 €
- Material 10 € pro Stück
- Energie 0,05 € pro Stück
- Gehälter 50.000 €
- Lohnkosten 3 € pro Stück.

a) Stellen Sie die jeweiligen Kostenfunktionen auf.

b) Ermitteln Sie die kritische Menge und erläutern Sie, von welchen Faktoren der Einsatz des Fertigungsverfahrens abhängen kann.

c) Stellen Sie den Sachverhalt mit einer Grafik dar.

Lösung s. Seite 159

Aufgabe 2:

Das Handelsunternehmen „Waren der Zukunft GmbH" bietet ein breites Sortiment (ca. 15.000 Artikel) an vielen Standorten im Bundesgebiet an. In letzter Zeit häufen sich die Beschwerden über die Qualität des Speiseeises. Nach mehreren Gesprächen mit dem Lieferanten konnte keine Einigung erzielt werden. Daher lässt die Geschäftsleitung durch den Chefcontroller prüfen, ob die Herstellung eines eigenen Speiseeises in Betracht gezogen werden sollte. Es sind folgende Daten bekannt:

Absatzmenge Speiseeis voraussichtlich mehr als 1 Mio. Packungen pro Jahr

Bezug Lieferant:
- Listenpreis 2,50 € pro Packung
- Skonto 2 %.

Eigene Herstellung:
- Anschaffungskosten Produktionsanlage zur Eisherstellung 350.000 €
- Nutzungsdauer 10 Jahre
- Materialkosten 1 € pro Packung
- Löhne 0,50 € pro Packung
- Verpackung und Logistikkosten 0,20 € pro Packung
- Gehälter 50.000 €
- Kalkulationszinssatz 5 %.

a) Ermitteln Sie die kritische Menge.
b) Stellen Sie den Sachverhalt durch eine Grafik dar.

Lösung s. Seite 160

Aufgabe 3:

Das Bauunternehmen Max Maier e. K. plant die Anschaffung eines neuen Lkws, da der alte Lkw bereits zwölf Jahre genutzt wurde. Der Restwert des alten Lkws beträgt 5.000 €. Zudem wurden im Durchschnitt pro Jahr Betriebskosten in Höhe von 4.000 € dokumentiert. Die Daten des neuen Lkws sind:

- Anschaffungskosten 80.000 €,
- tatsächliche Nutzungsdauer 10 Jahre
- Kalkulationszinssatz 10 %
- Betriebskosten 2.000 € pro Jahr.

a) Berechnen Sie, ob die Anschaffung des neuen Lkws wirtschaftlich ist.
b) Ein Lkw-Händler unterbreitet Max Maier ein Angebot für den alten Lkw in Höhe von 5.000 €. Er rechnet dem Bauunternehmer vor, wenn er noch ein Jahr wartet, dann sinkt der Verkaufserlös des Lkws um 50 %. Die beiden Unternehmer sind sich einig, dass der Lkw noch ein Jahr genutzt werden kann.

Berechnen Sie, ob die Anschaffung des neuen Lkws im Rahmen der zusätzlichen Informationen wirtschaftlich ist.

Lösung s. Seite 161

Aufgabe 4:

Ein mittelständisches Unternehmen der Metallindustrie steht vor der Entscheidung zwischen zwei Produktionsverfahren.

Verfahren A:

- ➤ Anschaffungskosten 1.000.000 €
- ➤ Nutzungsdauer 10 Jahre
- ➤ Restwert 300.000 €
- ➤ Materialkosten pro Stück 10 €
- ➤ Lohnkosten pro Stück 5 €
- ➤ Energiekosten pro Stück 0,10 €
- ➤ Gehälter 40.000 €
- ➤ Instandhaltung 5.000 €.

Verfahren B:

- ➤ Anschaffungskosten 500.000 €
- ➤ Nutzungsdauer 7 Jahre
- ➤ Restwert 10.000 €
- ➤ Materialkosten 5 € pro Stück
- ➤ Lohnkosten 4 € pro Stück
- ➤ Energiekosten pro Stück 0,10 €
- ➤ Gehälter 20.000 €
- ➤ Instandhaltung 20.000 €.

Mit dem Verfahren A (B) wird das Produkt A (B) erstellt, das einen voraussichtlichen Absatzpreis von 3.000 € (2.000 €) pro Stück erzielt.

Kalkulationszinssatz für beide Verfahren: 5 %

a) Ermitteln Sie die kritische Menge.
b) Berechnen Sie, ab welcher Menge jedes Verfahren generell einen Gewinn erzielt.
c) Stellen Sie den Sachverhalt in einer Grafik dar.

Lösung s. Seite 162

Aufgabe 5:

Die Maschinenbau AG erhält pro Jahr eine Stromrechnung in Höhe von 100.000 € (98 % variable Kosten). Durch ein neues Energiemanagement (energiesparende Anlagen, Schulungen Mitarbeiterverhalten usw.) sollen 30 % der jährlichen Stromkosten eingespart werden. Das Unternehmen beabsichtigt, für das neue Energiemanagement

900.000 € einzusetzen. Die Maschinenbau AG könnte alternativ ein mittelständisches Elektrounternehmen für 1 Mio. € erwerben, da der bisherige Inhaber keinen Nachfolger hat.

Das Elektrounternehmen weist ein Gesamtkapital von 1,5 Mio. € (500.000 € Fremdkapital zu 3 %) sowie einen Jahresgewinn von 150.000 € aus.

a) Ermitteln Sie im Rahmen der Rentabilitätsrechnung, für welche Alternative Sie sich entscheiden, wenn aus Budgetgründen nur eine Alternative möglich ist.

b) Erläutern Sie den inhaltlichen Unterschied bei der Rentabilitätsformel, wenn nur der Kapitaleinsatz oder das „durchschnittlich gebundene Kapital" verwendet wird.

c) Die Maschinenbau AG benötigt für die Leistungserstellung vier Produktionsprozesse A bis D. In Prozess B soll eine Produktionsanlage ersetzt werden. Erklären Sie, welche Probleme bei der Rentabilitätsberechnung auftreten können?

Lösung s. Seite 165

Aufgabe 6:

Der Chefcontroller der Maschinenbau AG plant den Einsatz von Robotern in der Produktion (Kostenstelle „Gehäusebau"). Die Tätigkeiten wurden bisher von drei Mitarbeitern durchgeführt. zwei der drei Mitarbeiter sollen entlassen werden. Es liegen folgende Daten vor: Personalkosten für zwei Mitarbeiter 120.000 €, Anschaffungskosten Roboter 2,5 Mio. €.

Der Chefcontroller gestaltete die Vorgabe, dass die Amortisationszeit bei Investitionen nicht mehr als 3 Jahre betragen darf.

Ermitteln Sie die statische Amortisationszeit und beurteilen Sie diese.

Lösung s. Seite 166

Aufgabe 7:

Die Hafen GmbH plant die Errichtung eines neuen Containerterminals. Die Anschaffungskosten betragen 6 Mio. €. Es wird mit einem durchschnittlichen Gewinn in Höhe von 200.000 € pro Jahr gerechnet. Die Nutzungsdauer des Containerterminals wird auf 15 Jahre geschätzt. Es wird ein Restwert von 10 % der Anschaffungskosten resultieren. Die Geschäftsleitung gibt generell für alle Investitionen vor, dass für Investitionsentscheidungen eine Amortisationszeit von unter drei Jahren eingehalten werden sollten.

a) Berechnen Sie die Amortisationszeit.

b) Beurteilen Sie die Amortisationszeit und nehmen Sie zur Vorgabe der Geschäftsleitung Stellung.

Lösung s. Seite 166

Aufgabe 8:

Für eine Investition liegt eine Anschaffungsauszahlung von 250.000 € vor. In den nächsten 6 Perioden werden folgende Einzahlungen erwartet:

Periode 1: 40.000 €
Periode 2: zwei Prozent Steigerung gegenüber Periode 1
Periode 3: zwei Prozent Abnahme gegenüber Periode 2
Periode 4: 50.000 €
Periode 5: 30.000 €
Periode 6: 60.000 €

Berechnen Sie die Amortisationszeit nach der Kumulationsrechnung.

Lösung s. Seite 167

Aufgabe 9:

Ein Investor plant die Anschaffung einer Maschine (Anschaffungskosten 320.000 €). Für die nächsten 5 Jahre wird mit folgenden Nettoeinzahlungen gerechnet.

Jahr	Nettoeinzahlung
1	90.000 €
2	90.000 €
3	140.000 €
4	170.000 €
5	220.000 €

a) Berechnen Sie die statische Amortisationszeit nach der Durchschnittswertmethode.

b) Ermitteln Sie die statische Amortisationszeit nach der Kumulationsmethode.

c) Interpretieren Sie die Amortisationszeiten nach der Durchschnittswert- und nach der Kumulationsmethode.

Lösung s. Seite 167

Aufgabe 10:

Ein Aktionär rechnet im ersten Jahr nach dem Kauf von 10.000 Aktien (Nennwert: 5 € pro Aktie) der „Electro Dynamics Car AG" zum Kurs von 6 € mit einer Dividende von 10.000 €. Nach einer Marktprognose schätzt er, dass sich in den folgenden nächsten vier Jahren die Dividenden pro Jahr um 20 % erhöhen.

a) Berechnen Sie die Amortisationszeit nach der Kumulationsmethode und der Interpolationsmethode („regula falsi").

b) Vergleichen Sie die Kumulationsmethode (inkl. Interpolation) mit der Durchschnittswertmethode.

Lösung s. Seite 168

Aufgabe 11:

Erläutern Sie drei Kritikpunkte an der statischen Amortisationsrechnung.

Lösung s. Seite 168

Aufgabe 12:

Ein Unternehmen steht vor der Entscheidung, Fertigungsverfahren A oder B zu verwenden.

Verfahren A:

► Anschaffungskosten 2.000.000 €

► Restwert 200.000 €

► Materialkosten pro Stück 2 €

► Gehalt Fertigungsleiter anteilig pro Jahr 60.000 €

► Energiekosten pro Stück 0,10 €

► Löhne pro Stück 6 €

► Nutzungsdauer 10 Jahre

► Kapazitätsgrenze 30.000 Stück.

Verfahren B:

► Anschaffungskosten 2.200.000 €

► Restwert 400.000 €

► Materialkosten pro Stück 4 €

► Gehalt Fertigungsleiter 20.000 €

► Energiekosten pro Stück 0,12 €

► Löhne pro Stück wie bei A

► Nutzungsdauer 10 Jahre

► Kapazitätsgrenze 30.000 Stück.

Es wird ein Kalkulationszinssatz von 10 % unterstellt.

a) Ermitteln Sie im Rahmen einer Kostenvergleichsrechnung grafisch, welches Verfahren wirtschaftlich am vorteilhaftesten ist.

b) Berechnen Sie den Auslastungsgrad, den Verfahren A bzw. B bei der kritischen Menge erreichen.

c) Es wird am Absatzmarkt ein Verkaufspreis von 200 € pro Stück bei Produkt A und 300 € pro Stück bei Produkt B erzielt.

Berechnen Sie im Rahmen einer Gewinnvergleichsrechnung die Mengen, ab denen die Verfahren generell Gewinn erzielen, und ab welcher Menge ein Verfahren einen höheren Gewinnbeitrag erreicht. Stellen Sie den Sachverhalt grafisch dar.

d) Berechnen Sie die Rentabilitäten der Investitionen A und B an der Kapazitätsgrenze.

Lösung s. Seite 169

Aufgabe 13:

Das IT-Unternehmen „Step 3 e. K." wurde vor drei Jahren gegründet. Zur Unternehmensgründung schenkte die Oma des Gründers ihm 200.000 €. Das Unternehmen erzeugt zwischenzeitlich hohe Gewinne. Der Gründer des Unternehmens, Sepp Byte, entnimmt pro Jahr 120.000 € (Privatentnahme). Für die Lebenshaltung benötigt er 40.000 € pro Jahr; den Rest spart er. Sepp Byte kann bei einer internationalen Online-Bank sein Geldkapital für 5 % anlegen, wobei verschiedene Risiken vorhanden sind. Eine Geldanlage mit geringerem Risiko bietet ihm die örtliche Hausbank für 1 % an.

a) Berechnen Sie das Endkapital in 5 Jahren, wenn Sepp Byte die 200.000 € der Oma bei der internationalen Online-Bank angelegt hätte.

b) Ermitteln Sie den Zinsverlust bei einer Laufzeit von fünf Jahren, wenn er aufgrund seines Bezugs zur Heimat die örtliche Hausbank für die Anlage der 200.000 € gewählt hätte.

Lösung s. Seite 172

Aufgabe 14:

Berechnen Sie den Endwert nach fünf Jahren, wenn der Unternehmensgründer Byte (siehe Aufgabe 13) bei 5 % jährlich seine Ersparnisse anlegt.

Lösung s. Seite 173

Aufgabe 15:

Der Unternehmensgründer Byte führt ein Gespräch mit einem Volkswirt, der eine Inflationsrate von 2 % beobachtet.

Berechnen Sie den Endwert aus dem Fallbeispiel Aufgabe 13 (Kapital 200.000 €, Laufzeit 5 Jahre), wenn ein Nominalzinssatz von 1 % für die Geldanlage unterstellt wird. Berücksichtigen Sie dabei die Inflationsrate. Ermitteln Sie auch den Vermögensverlust.

Lösung s. Seite 173

Aufgabe 16:

Das IT-Unternehmen „Step 3" erwartet für die nächsten Jahre folgende Gewinne:

Jahr	01	02	03	04	05
Gewinne (in T€)	500	560	580	720	800

Ermitteln Sie die Summe der Barwerte der Gewinne in der Basisperiode 0. Es wird ein Kalkulationszinssatz von 10 % unterstellt.

Lösung s. Seite 174

Aufgabe 17:

Ein Börsenhändler erwartet für seine Wertpapiere in der 1. Periode eine Nettoeinzahlung in Höhe von 120.000 €. Die nächsten 4 Jahre erhöhen sich die Nettoeinzahlungen pro Periode um 5 %. Ermitteln Sie die Summe der Barwerte der Nettoeinzahlungen bei einem Kalkulationszinssatz von 8 %.

Lösung s. Seite 174

Aufgabe 18:

Ein Investor, der in einer Metropole in mehrere Mehrfamilienhäuser und Eigentumswohnungen investierte, rechnet aufgrund langfristiger Verträge mit Nettoeinzahlungen in Höhe von 90.000 € die nächsten zehn Jahre. Es wird ein Kalkulationszinssatz von 5 % unterstellt.

a) Berechnen Sie die Summe der Barwerte.

b) Wie verändert sich die Summe der Barwerte, wenn im 3. Jahr eine außerordentliche Zahlung von 10.000 € fällig wird und im 10. Jahr eine Eigentumswohnung für 300.000 € verkauft wird.

Lösung s. Seite 174

Aufgabe 19:

a) Stellen Sie die Kapitalwertfunktion grafisch dar und interpretieren Sie diese.

b) Erklären Sie, welcher Zusammenhang zwischen Rückstellungen und der Kapitalwertfunktion besteht und welche Folgen für die Bilanz sowie für das bilanzierende Unternehmen verbunden sind.

Lösung s. Seite 175

Aufgabe 20:

Ein Unternehmen investiert in Periode t_0 in eine neue Maschine in Höhe von 500.000 €. Eine erste Instandhaltung wird in Periode t_3 mit 20.000 € fällig. Es wird eine betriebliche Nutzungsdauer von 10 Jahren unterstellt. Es wird erwartet, dass am Ende des 10. Jahres

10.000 € Resterlös erzielbar sind. Zudem prognostiziert die Controllingabteilung jährliche Einzahlungen durch die neue Maschine in Höhe von 25.000 €. Es wird ein Kalkulationszinssatz von 2,8 Prozent unterstellt.

Untersuchen Sie mit der Kapitalwertmethode, ob sich die Investition lohnt. Interpretieren Sie das Ergebnis.

Lösung s. Seite 175

Aufgabe 21:

Eine Anschaffungsauszahlung beträgt 120.000 €.

► Kalkulationszinssatz 5 %

► jährliche Rückflüsse 25.000 €

► Nutzungsdauer 10 Jahre.

Berechnen Sie die dynamische Amortisationszeit.

Lösung s. Seite 176

Aufgabe 22:

Für eine Investition plant ein Controller 120.000 €. Jedes Jahr sollen Nettoeinzahlungen von 20.000 € (mit einer jährlichen Steigerung von 10 % ab dem 1. Jahr) in Betracht gezogen werden. Die Nutzungsdauer wird mit fünf Jahren angesetzt.

a) Welche Versuchszinssätze sind notwendig, damit ein Regula-falsi-Ansatz möglich wird?

b) Berechnen Sie mit den möglichen Versuchszinssätzen den internen Zinssatz.

Lösung s. Seite 177

Aufgabe 23:

Ein Unternehmen nimmt ein Darlehen in Höhe von 200.000 € mit einer Laufzeit von 10 Jahren auf. Es wird ein Zinssatz von 3,4 % angenommen. Berechnen Sie die Höhe der gleichen Jahresbeträge des Darlehens für Zinsen und Tilgung.

Lösung s. Seite 177

Aufgabe 24:

Ein Angestellter, der vor Kurzem sein BWL-Studium absolvierte, möchte in acht Jahren 1 Mio. € erreichen. Er legt das Kapital international an und erhofft sich einen Kalkulationszinssatz von 5 %. Wie viel müsste der Angestellte pro Jahr sparen, damit er sein Ziel erreicht?

Lösung s. Seite 177

Aufgabe 25:

Für eine Investition liegt eine Anschaffungsauszahlung von 20.000 € vor. Es fallen folgende Zahlungen an:

Jahr	Einzahlung	Auszahlung
1	5.000	2.000
2	3.000	8.000
3	12.000	2.000
4	24.000	3.000

Kalkulationszinssatz 10 %, Restwert 7.000 €

Ermitteln Sie den durchschnittlichen jährlichen Überschuss.

Lösung s. Seite 178

Aufgabe 26:

Erklären Sie drei Kritikpunkte an den statischen Investitionsverfahren.

Lösung s. Seite 178

Aufgabe 27:

Erklären Sie drei Kritikpunkte an den dynamischen Investitionsverfahren.

Lösung s. Seite 179

Aufgabe 28:

Die Metallbau GmbH plant die Anschaffung eines Automaten, dessen Nutzungsdauer auf 5 Jahre beschränkt sein soll. Der Controller dokumentierte folgende Daten:

▸ Anschaffungskosten 150.000 €

▸ Stückpreis 40 €, Restwert 10.000 €

▸ Kalkulationszinssatz 5 %

▸ lineare Kostenfunktion $K_n = 2.000 € + 30x$

Der Controller möchte mit der Annuitätenmethode die kritische Menge bestimmen, zu der die Investition sich gerade noch lohnt.

Lösung s. Seite 179

Aufgabe 29:

Ein Unternehmer kauft ein Mietshaus in einer mittelgroßen Stadt. Im ersten Jahr fallen Sanierungskosten in Höhe von 150.000 € an. Die Immobilienpreise werden aufgrund verschiedener Prognosen steigen. Der Investor rechnet mit Mieteinnahmen in Höhe von 12.000 € in den ersten fünf Jahren. Vom 6. bis 10. Jahr steigen die Mieteinnahmen auf 14.000 €. Der Investor möchte das Mietshaus nach zehn Jahren für 1 Mio. € verkaufen.

a) Wie hoch dürfen die Anschaffungsauszahlungen sein, damit sich die Investition zu einem Kalkulationszinssatz von 3 % gerade noch lohnt?

b) Wie hoch ist die kritische Anschaffungsauszahlung, wenn die Sanierungskosten 300.000 € betragen?

c) Der Verkäufer des Hauses stellt sich einen Verkaufspreis von 630.000 € vor. Wie hoch dürfen die Sanierungskosten sein, wenn alle anderen Daten gleich bleiben.

Lösung s. Seite 179

Aufgabe 30:

Erklären Sie, vor welchen Problemen ein Controller steht, der eine Investition überprüfen möchte, ob sie wirtschaftlich ist.

Lösung s. Seite 180

3. Durchführen von Nutzwertrechnungen

Aufgabe 1:

Ein Unternehmen plant, zusätzliche Investitionen im Fertigungsbereich zu realisieren. Die Mitarbeiter des Bereichs Beschaffung sowie der Fertigung bilden ein Team. Sie diskutieren, welche Kriterien relevant sind und welches Gewicht den Kriterien im Rahmen der durchzuführenden Nutzwertanalyse zugeordnet werden soll. Am Ende des Workshops resultieren folgende (qualitative) Kriterien:

► vielseitiger Einsatz der Maschine

► flexible Positionierung der Maschine an anderer Stelle in der Fertigungshalle

► schnelle Ersatzteilversorgung des Lieferanten

► ergonomische Handhabung für Mitarbeiter.

Erstellen Sie einen Paarvergleich.

Lösung s. Seite 181

Aufgabe 2:

Ein Produktionscontroller bereitet für den Fertigungsleiter eine Entscheidung zwischen zwei Maschinen A und B vor. Der Controller holt sich Angebote von zwei Lieferanten ein. Er verwendet für die qualitativen Kriterien eine Nutzwertanalyse.

Es soll folgende Skala verwendet werden:
1 = sehr gut ... 5 = schlecht

Kriterien	Gewich-tung	Maschine A	B	Nutz-wert A	Nutz-wert B
Service	0,2				
Zuverlässigkeit des Lieferanten Liefertreue Lieferung mangelfreier Produkte	0,3 0,4				
Bedienerfreundlichkeit der Maschine	0,1				
	1,0				

Vervollständigen Sie die Nutzwertanalyse und erstellen Sie eine Rangordnung.

Lösung s. Seite 181

Aufgabe 3:

Erklären Sie, warum eine Sensibilitätsanalyse im Rahmen einer Nutzwertanalyse durchgeführt werden sollte.

Lösung s. Seite 182

4. Anwenden von Verfahren zur Bestimmung der wirtschaftlichen Nutzungsdauer und des optimalen Ersatzzeitpunktes von Wirtschaftsgütern

Aufgabe 1:

Erläutern Sie, welche zwei grundsätzlichen Fälle bei der wirtschaftlichen Nutzungsdauer auftreten können.

Lösung s. Seite 183

Aufgabe 2:

Der Logistikdienstleister „Sofortness GmbH" bedient seine Kunden in einem Umkreis von 100 km mit einem Kurierfahrzeug. Der Geschäftsführer des Unternehmens machte sich kurz vor dem 60. Lebensjahr selbstständig.

Die Anschaffungskosten eines derartigen Kurierfahrzeugs beträgt 60.000 €. Mit einem Kurierfahrzeug werden pro Jahr 40.000 € Umsatz erzeugt. Ab dem 2. Jahr werden jährliche Steigerungen um 10.000 € erwartet. Pro Jahr werden Instandhaltungsaufwendungen in Höhe von 3.000 € kalkuliert. Der Restwert sinkt im 1. Jahr auf 55.000 € und in den Folgejahren jeweils um 5.000 €.

Es wird ein Kalkulationszinssatz von 5 % unterstellt. Der Geschäftsführer setzt sich das Ziel, am Ende des Jahres sein Geschäft zu beenden, in dem die wirtschaftliche Nutzungsdauer optimal ist. Aus gesundheitlichen Gründen wird der Geschäftsführer nicht länger als fünf Jahre beruflich aktiv sein.

Berechnen Sie die wirtschaftliche Nutzungsdauer.

Lösung s. Seite 183

Aufgabe 3:

Das metallverarbeitende Unternehmen „Max Dreher Metallbau GmbH" stellt Bauteile für das Handwerk und die Industrie her. Um den Kunden ein qualitativ hochwertiges Angebot unterbreiten zu können, werden die Investitionen auf ihren neuesten technischen Stand überprüft. Allerdings müssen auch die wirtschaftlichen Aspekte berücksichtigt werden. Daher ermitteln die Controller des Unternehmens die optimale Nutzungsdauer für verschiedene Investitionen.

Das Schneidewerkzeug Delta 2830 (Anschaffungskosten: 80.000 €), das große Metallteile für die Kunden schneidet, soll angeschafft werden. Nach Rücksprache mit dem Produktionsleiter wird je nach technischer Abnutzung und in Abhängigkeit des Instandhaltungsaufwandes das Schneidewerkzeug durch eine Ersatzinvestition ersetzt werden müssen, weil das Werkzeug für alle zukünftigen Aufträge benötigt wird. Das Unternehmen ist auf unbestimmte Zeit angelegt. Bevor eine Ersatzinvestition getätigt wird, stellt das Controlling durch eine Schätzung eine Zeitreihe mit Nettoeinzahlungen und Restwerten auf:

Nutzungsjahr	Nettoeinzahlungen*	Restwerte*
1	80	70
2	50	50
3	30	30
4	20	20
5	10	10
6	5	0
7	3	0
8	1	0

a) Berechnen Sie den optimalen Ersatzzeitpunkt, wenn ein Kalkulationszinssatz von 5 % angenommen wird.

b) Erklären Sie mögliche Unterschiede zwischen dem Kapitalwert einer einmaligen Investition und einerKetteninvestition im Hinblick auf den optimalen Ersatzzeitpunkt anhand der gegebenen Daten.

Lösung s. Seite 184

Aufgabe 4:

Die Speed GmbH stellt Tachos für Fahrräder her. Für mehrere Elemente des Tachos wird ein älterer Automat verwendet, der durchschnittliche Auszahlungen von 20.000 € pro Monat verursacht. Der Produktionscontroller plant die Anschaffung eines neuen Automaten.

Daten neuer Automat:

► Anschaffungsauszahlungen 250.000 €

► Nutzungsdauer 10 Jahre

► Durchschnittliche jährliche Betriebskosten 5.000 €

► Restwert 30.000 €

► Es wird ein Kalkulationszinssatz von 5 % unterstellt.

Ermitteln Sie, ob der alte Automat durch den neuen ersetzt werden sollte.

Lösung s. Seite 185

5. Beurteilen von Finanzierungsformen und Erstellen von Finanzplänen

Aufgabe 1:

Der Inhaber der „Bauer Innenausbau e. K." vereinbart einen Termin mit seiner Hausbank, die ihm für den Kapitalbedarf von 800.000 € ein Abzahlungsdarlehen unterbreitet:

► fünf Jahre Laufzeit

► Fremdkapitalzinssatz 5 % p. a.

Berechnen Sie den zu erwartenden Kapitaldienst für das Unternehmen.

Lösung s. Seite 187

Aufgabe 2:

Eine OHG hat zwei Gesellschafter A und B. Das Eigenkapital von A beträgt 60.000 € und das von B 40.000 €. Es wird ein Gewinn von 100.000 € erzielt. Die Gesellschafter entschieden sich für die gesetzlichen Vorschriften zur Verzinsung der Kapitaleinlage. Jeder Gesellschafter entnahm im Geschäftsjahr 40.000 € für den Lebensunterhalt.

a) Erläutern Sie, wie eine OHG Eigenkapital beschaffen kann.

b) Berechnen Sie die Kapitalverzinsung, den Restgewinn und das neue Kapital.

Lösung s. Seite 187

Aufgabe 3:

Eine KG hat einen Komplementär, der ein Arbeitseinkommen von 50.000 € erhält. Das sind 10 % seiner Kapitaleinlage. Der Kommanditist legte 30.000 € ein. Die Kapitaleinlagen sollen zu 8 % verzinst werden. Der Restgewinn wird im Verhältnis 3:1 verteilt. Es liegt eine Privatentnahme des Komplementärs von 20.000 € vor. Insgesamt wurde ein Gewinn in Höhe von 200.000 € dokumentiert.

a) Erläutern Sie, wie eine Kommanditgesellschaft Eigenkapital beschaffen kann.

b) Berechnen Sie die Kapitalverzinsungen, den Restgewinn, den Gesamtgewinn und das Kapital für jeden Gesellschafter am Ende des Jahres.

Lösung s. Seite 187

Aufgabe 4:

Erklären Sie den Unterschied zwischen einer akzessorischen und einer fiduziarischen Sicherheit.

Lösung s. Seite 188

Aufgabe 5:

Die Geothermie AG benötigt zusätzliches Kapital für weitere Bohrungen. Daher soll eine ordentliche Kapitalerhöhung im Verhältnis 4:1 erfolgen. Der Bezugskurs der neuen 5-€-Nennwertaktie beträgt 20 €, der Börsenkurs der alten Aktie 25 €. Das bisher gezeichnete Kapital der AG wird mit 1 Mio. € ausgewiesen.

a) Ermitteln Sie den Bezugsrechtswert einer Altaktie sowie den Kurs der Aktie nach Kapitalerhöhung.

b) Erläutern Sie, welchen Nutzen das Bezugsrecht beinhaltet.

Lösung s. Seite 188

Aufgabe 6:

Ein Lieferant von Metallbauteilen räumt seinem Kunden, der Maschinenbau GmbH, folgendes Zahlungsziel ein: „Die Rechnung ist zahlbar innerhalb von 10 Tagen mit 2 % Skontoabzug oder in 30 Tagen ohne Abzug." Der Leiter des Rechnungswesens überlegt, ob er den Skontoabzug nutzen soll. Die Maschinenbau GmbH müsste von ihrer Hausbank mit Überziehungszinsen von 15 % p. a. rechnen. Unterstützen Sie den Leiter des Rechnungswesens der Maschinenbau GmbH mit einer Rechnung.

Lösung s. Seite 188

Aufgabe 7:

Erklären Sie im Rahmen des Wechselkredits den Unterschied zwischen Tratte und Akzept.

Lösung s. Seite 189

Aufgabe 8:

Das Unternehmen Franz Maier e. K. spezialisierte sich auf Verpackungsmaschinen, die größtenteils Sonderanfertigungen sind. Die Leiterin der Buchhaltung meldet dem Unternehmer, dass 10 % der Forderungen wegen Illiquidität der Kunden ausfallen. Franz Maier ordnet an, dass zukünftig nur mehr Aufträge angenommen werden, wenn 30 % des vereinbarten Preises als Anzahlung von den Kunden geleistet werden.

Es bahnt sich ein Auftrag in Höhe von 5 Mio. € mit einem Hersteller für Gartengeräte an, der 20 % des Jahresumsatzes ausmachen könnte. Im Rahmen der Vertragsverhandlungen wird vorgeschlagen, dass ein Wechsel mit einer Laufzeit von einem Jahr statt der Anzahlung akzeptiert wird.

Der Kunde bietet für das Wechselgeschäft einen Aufschlag von 30 % an, der alle Nebenkosten und Zinsen beinhalten soll, da die Verpackungsmaschine unbedingt benötigt wird und ein Liquiditätsengpass vorliegt, um die Anzahlung zu leisten. Dieser Aspekt wird jedoch in den Vertragsverhandlungen nicht erwähnt.

Die Anzahlung in Höhe von 30 % wäre sofort nach Vertragsunterzeichnung und der Rest nach einem Jahr fällig. Grundsätzlich rechnet das Unternehmen Franz Maier mit einem Kalkulationszinssatz von 5 %.

Begründen Sie mit einer Rechnung und verbal, für welche Alternative sich Franz Maier entscheiden sollte.

Lösung s. Seite 189

Aufgabe 9:

Die Maschinenbau GmbH exportiert Werkzeugmaschinen nach China. Es wird ein Dokumentenakkreditiv vereinbart. Der Leiter der Exportabteilung übermittelt dem Geschäftsführer folgende Information bezüglich eines großen Exportauftrags: „Die Avisbank teilte mit, dass die Akkreditivbank den Akkreditiv eröffnete."

Erklären Sie, welcher Inhalt und welche Bedeutung mit dieser Aussage verbunden sind.

Lösung s. Seite 189

Aufgabe 10:

Die Werkzeugmaschinen GmbH steht vor der Entscheidung, einen Automaten mit Barzahlung zu kaufen oder zu leasen. Dem Controller stehen folgende Daten zur Verfügung:

Anschaffungskosten Automat 400.000 €

Leasing:
- ► Leasingzeitraum 5 Jahre
- ► Abschlussgebühr 20 %
- ► Leasingrate 5 % pro Monat.

Die Werkzeugmaschinen GmbH bilanziert den Automaten nicht.

a) Berechnen Sie, ob Barzahlung oder Leasing unter monetären Aspekten günstiger ist.
b) Erläutern Sie mit einem Argument, was für Leasing aus nicht monetären Gründen sprechen würde.

Lösung s. Seite 189

Aufgabe 11:

Der Controller der Werkzeugmaschinen GmbH (siehe Aufgabe 10) ist entsetzt über das hohe Leasingangebot. Daher wendet er sich an die Hausbank und bittet um ein Angebot für ein Annuitätendarlehen. Die Hausbank setzt einen Sollzinssatz von 3 % sowie eine Laufzeit von 5 Jahren an.

a) Berechnen Sie, ob sich das Unternehmen für einen Barkauf, das Annuitätendarlehen oder das Leasingangebot unter monetären Aspekten entscheiden sollte.

b) Der Grenzsteuersatz des Unternehmens beträgt 30 %. Hat diese Information Einfluss auf die Entscheidung?

Lösung s. Seite 190

Aufgabe 12:

Ein Hersteller von Kugelschreibern verwendet mehrere Automaten. Es werden folgende Daten angenommen:

► Anschaffungskosten eines Automaten 50.000 €

► Die Nutzungsdauer eines Automaten beträgt 10 Jahre.

► Es wird ein Anfangsbestand von 10 Automaten unterstellt.

a) Zeigen Sie den Kapazitätserweiterungseffekt anhand einer Tabelle für den Betrachtungszeitraum von drei Jahren.

b) Berechnen und interpretieren Sie den Kapazitätserweiterungsfaktor.

Lösung s. Seite 191

Aufgabe 13:

Erklären Sie die Finanzierung aus Rückstellungen.

Lösung s. Seite 191

Aufgabe 14:

Die Innenausbau GmbH plant eine neue Produktion, weil sie die Innenausstattung für einen neuen Typ von Segelyachten übernehmen kann. Es liegen folgende Daten vor:

► Rohstoff-Lagerdauer 20 Tage

► Lieferantenziel 10 Tage

► Produktionsdauer 50 Tage

► Fertigerzeugnislagerdauer 20 Tage

► Kundenziel 30 Tage

- ► Durchschnittlicher täglicher Werkstoffeinsatz 20.000 €

- ► durchschnittlicher täglicher Lohneinsatz 18.000 €

- ► durchschnittlicher täglicher Gemeinkosteneinsatz 12.000 €.

Der Controller des Unternehmens soll mit der elektiven Methode den Kapitalbedarf für das Umlaufvermögen berechnen. Unterstützen Sie ihn bei dieser Aufgabe.

Lösung s. Seite 191

Aufgabe 15:

Die Solar AG organisiert den Bau von Solaranlagen. Sie vermittelt zwischen Investoren und Eigentümern von Dächern, auf denen die Solaranlagen installiert werden. Die Dacheigentümer erhalten somit den Strom von der Solaranlage. Ein Auszug aus dem kurzfristigen Finanzplan der Solar AG dokumentiert folgende Liquiditätsfälle:

Monat Liquiditätsfall	1	2	3
	Anfangsbestand 700 T€		
Einzahlungen von Investoren 200 T€ in Monat 1			
Zahlung der Löhne der Solar AG 500 T€ jeweils in Monat 1, 2 und 3			
Einnahmen aus dem Verkauf von Solarmodulen 100 T€ in Monat 2			
Bezahlung von Handwerkerrechnung 50 T€ in Monat 3			

a) Berechnen Sie den Schlussbestand in Monat 3.

b) Die Hausbank gewährt einen Überziehungskredit mit einem Zinssatz von 15 % p. a. In welcher Höhe fallen Zinsen an, wenn dieser Kredit 30 Tage gewährt wird?

Lösung s. Seite 192

6. Gemischte Aufgaben – kurz und kompakt

Aufgabe 1:

Erklären Sie den Unterschied zwischen statischer und dynamischer Liquidität.

Lösung s. Seite 193

Aufgabe 2:

Erklären Sie, warum der Kalkulationszinssatz die Schwachstelle bei den Investitionsrechenverfahren ist.

Lösung s. Seite 193

Aufgabe 3:

Ein Manager trifft die Aussage: „Wenn ein positiver Kapitalwert vorliegt, ist die Investition auf jeden Fall zu befürworten. Andere Verfahren spielen keine Rolle."

Lösung s. Seite 193

Aufgabe 4:

Erläutern Sie den Unterschied zwischen Risiko und Unsicherheit.

Lösung s. Seite 193

Aufgabe 5:

Erläutern Sie den Leverage-Effekt.

Lösung s. Seite 193

Aufgabe 6:

Erläutern Sie die Bedeutung der quantitativen und qualitativen Faktoren beim Rating.

Lösung s. Seite 193

Aufgabe 7:

Ein Buchhalter trifft die Aussage: „Bitte keinen Skontoabzug durchführen, weil wir bei sofortiger Bezahlung einen Überziehungskredit auf dem Kontokorrentkonto in Höhe von 14 % p. a. in Anspruch nehmen müssten."

Nehmen Sie zu dieser Aussage Stellung.

Lösung s. Seite 194

Aufgabe 8:

Die Hausbank eines Maschinenbauunternehmers, der für seinen Fuhrpark einen Lkw auf Kredit beschaffen möchte, benötigt eine Sicherheit. Geben Sie eine Empfehlung ab.

Lösung s. Seite 194

Aufgabe 9:

Erläutern Sie ein Problem, das sich bei der Durchführung der Rentabilitätsvergleichsrechnung ergeben kann.

Lösung s. Seite 194

Aufgabe 10:

Erklären Sie, welche Voraussetzung gelten muss, damit der Kapitalfreisetzungseffekt im Rahmen der Finanzierung aus Abschreibungen möglich ist.

Lösung s. Seite 194

Aufgabe 11:

Erklären Sie, warum die goldene Bilanzregel (Anlagendeckung I) für die Unternehmensführung im Rahmen von Finanzierung und Investition wesentlich ist.

Lösung s. Seite 194

Aufgabe 12:

Erklären Sie die Finanzierungsfunktion eines Wechsels.

Lösung s. Seite 195

Aufgabe 13:

Erklären Sie, welche Begriffe in der statischen und dynamischen Investitionsrechnung verwendet werden.

Lösung s. Seite 195

Aufgabe 14:

Ein Finanzcontroller behauptet: „Wenn der Kalkulationszinssatz sinkt, dann steigt der Barwert." Ist diese Aussage richtig?

Lösung s. Seite 195

1. Analysieren finanzwirtschaftlicher Prozesse unter zusätzlicher Berücksichtigung des Zeitelements

Lösung zu Aufgabe 1:

Um betriebliche Leistungen zu erstellen, ist ein Input in Form von Roh-, Hilfs- und Betriebsstoffen, Mitarbeitern und Maschinen notwendig. Es müssen innerhalb einer bestimmten Frist die Lieferantenrechnungen beglichen sowie z. B. am Monatsende die Gehälter bezahlt werden. Diese Geschäftsfälle führen zu Auszahlungen. Wenn die produzierten Güter verkauft werden, dann fließen die Umsatzerlöse zurück. Es kommt zu Einzahlungen.

Lösung zu Aufgabe 2:

a) Fort- und Weiterbildungen für Mitarbeiter stellen keine Investitionen im Sinne des Handelsgesetzbuches dar. Die Aufwendungen für Fort- und Weiterbildungen, die durch die Metallbau GmbH getragen werden, sind auf der Sollseite der Gewinn- und Verlustrechnung zu buchen und mindern den Gewinn. Fort- und Weiterbildungen erhöhen den Wert der Mitarbeiter. Somit müsste das Eigenkapital durch die Bildungsmaßnahmen zunehmen.

b) Forschungskosten werden in der Bilanz nach dem Handelsgesetzbuch nicht aktiviert. Dagegen besteht ein Wahlrecht zur Aktivierung in der Bilanz für Entwicklungskosten (§ 248 Abs. 2; § 255 Abs. 2a HGB ist zu beachten).

c) Der Unterschied zwischen Investition und Aufwand besteht darin, dass mit einer Investition zusätzliche Werte erzeugt werden, ohne dass die Investition Bestandteil der zu verkaufenden Leistung (z. B. Produkt) wird. Die Investition bleibt nach dem Leistungserstellungsprozess erhalten.

Der Verbrauch von Inputgüter wird durch den Aufwand dokumentiert. Typische Aufwendungen können sein: Verbrauch von Rohstoffen, Hilfsstoffen und Bauteilen. Die Inputgüter können nur einmalig eingesetzt werden, weil sie dann verbraucht sind und/oder Bestandteil der Leistung (z. B. Produkt) werden. Die Inputgüter bleiben häufig in der ursprünglichen Form nicht mehr erhalten.

Lösung zu Aufgabe 3:

Eine hohe Liquidität bedeutet für die Metallbau GmbH Unabhängigkeit. Die große Produktionsanlage kann mit einer hohen Liquidität bis zu einem bestimmten Volumen ohne Fremdkapital beschafft werden. Der Aufbau der hohen Liquidität kann eine Zeit lang dauern. Beispielsweise müssen Gewinne thesauriert (angesammelt) werden.

Eine hohe Liquidität birgt die Gefahr, dass die Verzinsung für das Geldkapital fehlt, weil auf dem Kontokorrentkonto des Unternehmens nur geringe Guthabenzinsen von der Geschäftsbank gezahlt werden. Zudem kann der reale Wert des Guthabens durch Inflation sinken. Wenn die Liquidität für die geplante Produktionsanlage verwendet wird, dann ist das Kapital gebunden.

Die Liquidierbarkeit (Umwandlung von Sachanlagen in Geldkapital) wird umso schwieriger, je spezieller die Produktionsanlage auf die Metallbau GmbH ausgerichtet ist. Eine Liquidierbarkeit sollte für den Fall in Betracht gezogen werden, dass z. B. eine neue Produktsparte in Erwägung gezogen und die bisherige Produktionsanlage nicht mehr benötigt wird.

Durch die große Produktionsanlage können zusätzliche Gewinne erzeugt werden, die zu einer Erhöhung der Rentabilität führen. Nach dem Amortisationszeitpunkt kann die Liquidität aufgrund der Rückflüsse zusätzlich ansteigen.

Die Kapitalgebundenheit könnte durch Leasing vermindert werden. Zudem bliebe durch Leasing die Liquidität erhalten.

Lösung zu Aufgabe 4:

Die Metallbau GmbH kann mit folgenden Risiken konfrontiert werden:

Externe Risiken

► Günstige ausländische Importe.
► Nach z. B. fünf Jahren stellt sich heraus, dass die Technologie der Maschine veraltet ist und eine Kombination mit Industrie 4.0-Ansätzen kaum möglich ist. Die Konkurrenz produziert aufgrund neuerer Technologien effizienter.
► Die Nachfrage nach Metallprodukten sinkt, weil ein alternatives Material entwickelt wurde.
► Der Fachkräftemangel nimmt zu, sodass die Produktionsanlage zum Teil nicht mehr betrieben werden kann.

Instrumente	Erläuterungen
Szenarioanalyse	Die Metallbau GmbH kann drei Szenarien für die zukünftige Umsatzentwicklung (z. B. für die nächsten 3 Jahre) aufstellen. Szenario A: Wahrscheinlichkeit 30 %; Umsatz steigt um 8 % Szenario B: Wahrscheinlichkeit 50 %; Umsatz bleibt konstant Szenario C: Wahrscheinlichkeit 20 %; Umsatz sinkt um 10 % Die unten stehende Abbildung soll den Sachverhalt verdeutlichen.
Workshop	Die Geschäftsführer veranstalten einen Workshop mit den Bereichsleitern des Unternehmens. Dabei werden die zukünftigen Risiken sowie die Eintrittswahrscheinlichkeiten diskutiert.

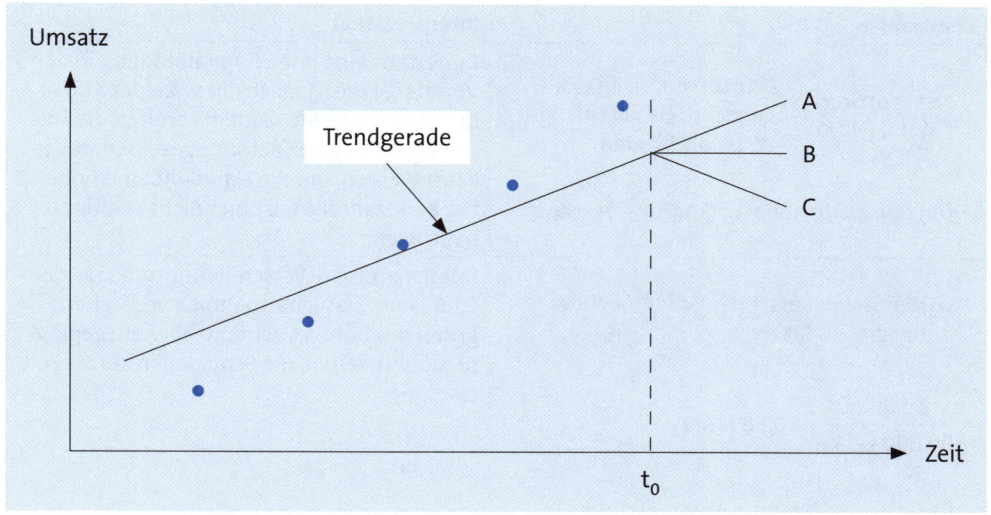

A = Szenario mit Wahrscheinlichkeit 30 %
B = Szenario mit Wahrscheinlichkeit 50 %
C = Szenario mit Wahrscheinlichkeit 20 %
t_0 = Zeitpunkt der Schätzung

Lösung zu Aufgabe 5:

Kennzahlen	Interpretation
Eigenkapital- quote $= \dfrac{\text{Eigenkapital}}{\text{Gesamtkapital}} \cdot 100$ $= \dfrac{150.000\ \text{€}}{200.000\ \text{€}} \cdot 100 = 75\ \%$	Die Eigenkapitalquote ist mit 75 % größer als die mindestens geforderten 30 %. Somit ist die Kennzahl erfüllt. Das Unternehmen verfügt über ausreichend Eigenkapital zum Bilanzstichtag.
Anlagen- deckung I $= \dfrac{\text{Eigenkapital}}{\text{Anlagevermögen}} \cdot 100$ $= \dfrac{150.000\ \text{€}}{100.000\ \text{€}} \cdot 100 = 150\ \%$	Die goldene Bilanzregel ist erfüllt, da ein Wert über 100 % erreicht wurde.
Liquidität II $= \dfrac{\text{Zahlungsmittel (Bank, Kasse)} + \text{Forderungen}}{\text{kurzfristiges Fremdkapital}}$ $= \dfrac{10.000\ \text{€} + 20.000\ \text{€}}{20.000\ \text{€}} \cdot 100 = 150\ \%$	Die Liquidität II ist erfüllt, da 150 % erzielt wurden. Es ist zu beachten, dass es sich um eine Stichtagsliquidität handelt und ein Finanzplan zusätzlich für die Liquiditäts- beurteilung herangezogen werden muss.

Kennzahlen	Interpretation
Net Working Capital (NWC) $=$ Umlaufvermögen - Zahlungsmittel - kurzfristige Verbindlichkeiten $= 100.000\,€ - 10.000\,€ - 20.000\,€ = 70.000\,€$	Es besteht eine hohe Kapitalbindung in den Vorräten. Eine Möglichkeit wäre der Abbau der Lagerbestände. Zudem könnten die Forderungen an eine Factoringgesellschaft verkauft werden, um die Liquidität zu erhöhen. Die Kennzahl NWC ist hier nicht positiv zu beurteilen.
Dynamischer Verschuldungsgrad in Jahren $= \dfrac{\text{Fremdkapital}}{\text{Cashflow}}$ $= \dfrac{50.000\,€}{90.000\,€/\text{Jahr}} = 0,56\ \text{Jahre}$ Cashflow = Gewinn + Abschreibung $= 70.000\,€ + 20.000\,€ = 90.000\,€$	Der dynamische Verschuldungsgrad beträgt 0,56 Jahre. Das Unternehmen verfügt aufgrund des hohen Cashflow über ausgeprägte Möglichkeiten, die Schulden in kurzer Zeit zu tilgen.
Gesamtkapitalrendite $= \dfrac{\text{Gewinn + Fremdkapitalzinsen}}{\text{Gesamtkapital}} \cdot 100$ $= \dfrac{70.000\,€ + 8.000\,€}{200.000\,€} \cdot 100 = 39\,\%$	Die Gesamtkapitalrendite ist hoch, da 10 bis 15 % i. d. R. als sehr gute Werte betrachtet werden. Es sollte jedoch ein Betriebs- und Zeitvergleich zur Beurteilung verwendet werden.

Lösung zu Aufgabe 6:

a) Eigenkapitalquote 25 % bei 5.000.000 € Gesamtkapital ergibt 1.250.000 € Eigenkapital (EK). Das Fremdkapital (FK) beträgt somit 3.750.000 €.

Steigerung des Fremdkapitals um 10 % = 375.000 €

Fremdkapitalzinssatz (FKZ) = 3 %   Gesamtkapitalrendite (GKR) = 15 %

Eigenkapitalrendite (EKR) = GKR + (GKR - FKZ) · FK/EK

EKR vor Kreditaufnahme = 15 % + 12 % · (3.750.000 € : 1.250.000 €) = 51 %
EKR nach Kreditaufnahme = 15 % + 12 % · (4.125.000 € : 1.250.000 €) = 54, 6 %

Die Kreditaufnahme lohnt sich für die Kapitaleigner, da die EKR um 3,6 Prozentpunkte steigt.

b) Damit der Leverage-Effekt für die Kapitaleigner positiv ausfällt, muss die Gesamtkapitalrendite (GKR) größer als der Fremdkapitalzinssatz sein.

Lösung zu Aufgabe 7:

- ► Den Kunden kürzere Zahlungsziele gewähren. Damit wird die Liquidität verbessert. Dies kann der Kunde jedoch auch kritisch betrachten, dass die finanzielle Situation des Lieferanten angespannt ist und das Geldkapital benötigt wird.

- ► Längere Zahlungsziele sollten bei den Lieferanten verhandelt werden. Dieser Aspekt kann dazu führen, dass eine Anspannung der Liquidität vermutet wird.

- ► Geringere Lagerbestände: Wenn die Lagerbestände reduziert sind und die Versorgung der Produktion mit Waren insbesondere durch Just-in-time realisiert wird, dann können Störungen (z. B. Stau, Blitzeis auf den Straßen) Produktionsausfälle bewirken, die Verzögerungen der Lieferzeiten gegenüber den Kunden bewirken. Somit wäre indirekt die Liquidität wieder beeinflusst.

Lösung zu Aufgabe 8:

- ► Die Liquiditätskennzahlen sind vergangenheitsbezogen (Stichtagsliquidität).

- ► Das kurzfristige Fremdkapital setzt sich aus verschiedenen Positionen zusammen (Rückstellungen, Verbindlichkeiten aus Lieferung und Leistung, Verbindlichkeiten gegenüber Finanzbehörden und Sozialversicherungsträgern ...). Es kommt auf die Struktur des kurzfristigen Fremdkapitals an, wie die Liquiditätskennzahl bewertet wird. Bei Lieferanten besteht eventuell Verhandlungsspielraum, um das Zahlungsziel zu verlängern. Bei Sozialversicherungsträgern existiert diese Möglichkeit i. d. R. nicht, da diese dazu neigen, Insolvenz wegen Zahlungsunfähigkeit anzumelden.

- ► Die Bilanzpositionen unterliegen handels- und steuerrechtlichen Bewertungen, sodass die ökonomische Aussagekraft verzerrt ist.

Lösung zu Aufgabe 9:

Der Return on Investment (ROI) setzt sich wie folgt zusammen.

$$ROI = Umsatzrendite \cdot Kapitalumschlagshäufigkeit$$

$$Umsatzrendite = \frac{Gewinn}{Umsatz} \cdot 100$$

$$Kapitalumschlagshäufigkeit = \frac{Umsatz}{Kapital}$$

Maßnahmen zur Erhöhung des ROI und finanzwirtschaftliche Effekte:

► Die Produktion wird in Niedriglohnländer verlagert. Dadurch sinken die Lohnkosten, und die Auszahlungen reduzieren sich. Es steigen (nach gewisser Zeit) die Gewinne. Somit erhöht sich der ROI, wenn der Umsatz und die Kapitalumschlagshäufigkeit als konstant betrachtet werden.

► Das eingesetzte Kapital wird reduziert, indem zukünftig ohne Fremdkapital (insbesondere Darlehen) agiert wird und Investitionen nur mehr aus eigenen Mitteln zulässig sind. Dies ist möglich, wenn die bisherigen Darlehen getilgt werden. Somit steigen die Kapitalumschlagshäufigkeit und der ROI an, wenn ein konstanter Umsatz und Gewinn angenommen werden.

2. Vorbereiten und Durchführen von Investitionsrechnungen einschließlich der Berechnung kritischer Werte

Lösung zu Aufgabe 1:

a) Kostenfunktionen:

Roboter:

$$\text{Kalkulatorische Abschreibung} = \frac{\text{Anschaffungskosten - Restwert}}{\text{Nutzungsdauer}}$$

$$= \frac{3.000.000\ € - 200.000\ €}{10\ \text{Jahre}} = 280.000\ € \text{ p. a.}$$

$$\text{Kalkulatorische Zinsen} = \frac{\text{Anschaffungskosten + Restwert}}{2} \cdot \text{Kalkulationszinssatz}$$

$$= \frac{3.000.000\ € + 200.000\ €}{2} \cdot 0,05 = 80.000\ € \text{ p. a.}$$

Gehälter: 20.000 €

Fixe Kosten = K_f
Variable Stückkosten = k_v
x = Menge

Summe K_f = 280.000 € + 80.000 € + 20.000 € = 380.000 €
k_v = 10 € + 0,08 € = 10,08 €
Kostenfunktion Roboter: $K^{\text{Roboter}}(x) = 380.000 + 10,08x$

Manuelle Fertigung:

Fixe Kosten 200.000 €, Material 10 € pro Stück, Energie 0,05 € pro Stück, Gehälter 50.000 €, Lohnkosten 3 € pro Stück

K_f = 200.000 € + 50.000 € = 250.000 €
k_v = 10 € + 0,05 € + 3 € = 13,05 €
$K^{\text{Manuelle Fertigung}}(x) = 250.000 + 13,05x$

b) Kritische Menge:
Berechnung der kritischen Menge durch Gleichsetzen der Kostenfunktionen:

$$K^{\text{Manuelle Fertigung}}(x) = K^{\text{Roboter}}(x)$$

380.000 + 10,08x = 250.000 + 13,05x
130.000 = 2,97 x
x = 43.771,04

Die kritische Menge liegt bei 43.772 Stück. Wenn mehr als 43.772 Uhren gefertigt werden, dann ist der Roboter günstiger. Der Einsatz des Fertigungsverfahrens hängt von der Absatzplanung und den Absatzerwartungen ab. Darüber hinaus können soziale Aspekte am südeuropäischen Standort sowie Wirkungen auf das Image des Unternehmens bei möglichen Entlassungen eine Rolle spielen. Zudem sollte berücksichtigt werden, ob der Roboter die gleiche Qualität erzeugt wie die manuelle Fertigung.

c) Grafik:

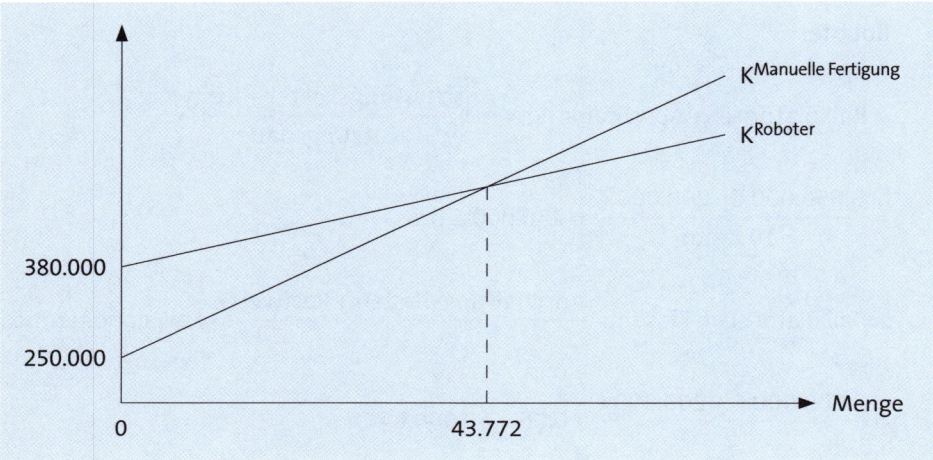

Lösung zu Aufgabe 2:

a) Kritische Menge:

Fall „eigene Herstellung":

$$\text{Kalkulatorische Abschreibung} = \frac{\text{Anschaffungskosten - Restwert}}{\text{Nutzungsdauer}}$$

$$= \frac{350.000\,€}{10\,\text{Jahre}} = 35.000\,€\ \text{p. a.}$$

$$\text{Kalkulatorische Zinsen} = \frac{\text{Anschaffungskosten + Restwert}}{2} \cdot \text{Kalkulationszinssatz}$$

$$= \frac{350.000\,€}{2} \cdot 0,05 = 8.750\,€\ \text{p. a.}$$

Gehälter: 50.000 €

$K_f = 35.000\,€ + 8.750\,€ + 50.000\,€ = 93.750\,€$

$k_v = 1\,€ + 0,50\,€ + 0,20\,€ = 1,70\,€$ pro Packung

$K^{Make}(x) = 93.750\,€ + 1,70x$

Fall „Kauf Lieferant":

2,50 € - 2 % Skonto (0,05 €) = 2,45 € pro Packung

$K^{Buy}(x) = 2{,}45x$

Berechnung der kritischen Menge durch Gleichsetzen der Kostenfunktionen:

$$K^{Buy}(x) = K^{Make}(x)$$

2,45x = 93.750 € + 1,70x
0,75x = 93.750
x = 125.000 Packungen Eis

Wenn das Handelsunternehmen mehr als 125.000 Packungen Eis verkauft, dann lohnt sich die eigene Herstellung, weil eine Absatzerwartung von mehr als 1 Mio. Packungen Eis vorhanden ist. Der Vertrag mit dem Lieferanten kann gekündigt werden.

b) Grafik:

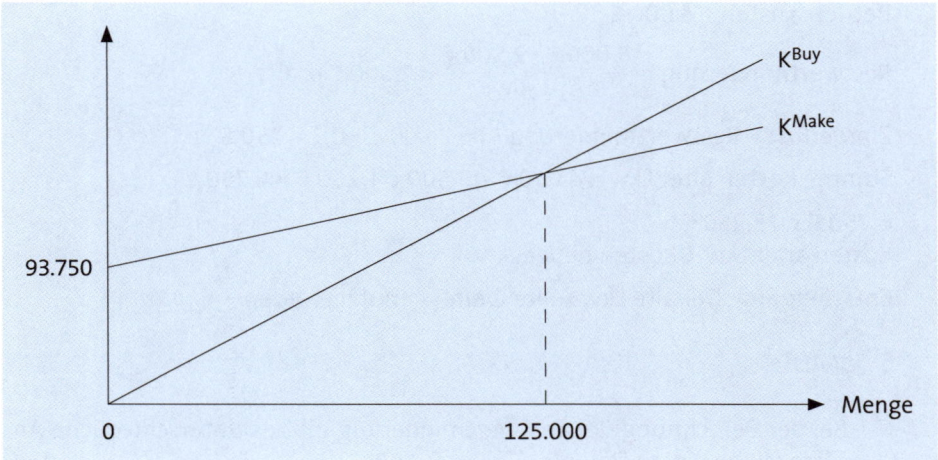

Lösung zu Aufgabe 3:

a) Berechnen Sie, ob die Anschaffung des neuen Lkws wirtschaftlich ist.

B_{neu} = 2.000 €

$$\text{Kalkulatorische Abschreibung} = \frac{\text{Anschaffungskosten}_{neu} - \text{Restwert}_{alt}}{\text{Nutzungsdauer}_{neu}}$$

$$= \frac{80.000\ € - 5.000\ €}{10\ \text{Jahre}} = 7.500\ €\ \text{p. a.}$$

$$\text{Kalkulatorische Zinsen} = \frac{\text{Anschaffungskosten}_{neu} - \text{Restwert}_{alt}}{2} \cdot i$$

$$= \frac{80.000\ € - 5.000\ €}{2} \cdot 0,1 = 3.750\ €\ \text{p. a.}$$

Kosten neuer Lkw:
2.000 € + 7.500 € + 3.750 € = 13.250 €

Kosten alter Lkw:
Betriebskosten 4.000 €

4.000 € < 13.250 €

Die Kosten des alten Lkws sind kleiner als die Kosten des neuen Lkws. Daher sollte der alte Lkw weiterhin genutzt werden.

b) Kosten neuer Lkw: siehe a)

Kosten alter Lkw:
Betriebskosten = 4.000 €

$$\text{Restwertminderung} = \frac{5.000\ € - 2.500\ €}{1\ \text{Jahr}} = 2.500\ €\ \text{p. a.}$$

Zinsverlust = Restwertminderung $\cdot$ i = 2.500 € $\cdot$ 0,1 = 250 €

Summe Kosten alter Lkw = 4.000 € + 2.500 € + 250 € = 6.750 €

6.750 € < 13.250 €
Kosten alter Lkw < Kosten neuer Lkw

Entscheidung: Der alte Lkw sollte weiter genutzt werden.

 INFO

Bei der Berechnung der Restwertminderung gibt es unterschiedliche Ansätze (siehe hierzu *Däumler/Grabe*, S. 183).

Lösung zu Aufgabe 4:

a) Kritische Menge:
Zuerst werden die Kosten ermittelt und die Gewinnfunktionen aufgestellt.

Kosten:

Verfahren A:

$$\text{Kalkulatorische Abschreibung} = \frac{\text{Anschaffungskosten} - \text{Restwert}}{\text{Nutzungsdauer}}$$

$$= \frac{1.000.000\ € - 300.000\ €}{10\ \text{Jahre}} = 70.000\ €\ \text{p. a.}$$

$$\text{Kalkulatorische Zinsen} = \frac{\text{Anschaffungskosten} + \text{Restwert}}{2} \cdot \text{Kalkulationszinssatz}$$

$$= \frac{1.000.000\ \text{€} + 300.000\ \text{€}}{2} \cdot 0,05 = 32.500\ \text{€ p. a.}$$

Summe fixe Kosten = Kalk. Abschreibung + Kalk. Zinsen + Gehälter + Instandhaltung

$K_f = 70.000\ \text{€} + 32.500\ \text{€} + 40.000\ \text{€} + 5.000\ \text{€} = 147.500\ \text{€}$
$k_v = 10\ \text{€} + 5\ \text{€} + 0,10\ \text{€} = 15,10\ \text{€}$
$K^A (x) = 147.500\ \text{€} + 15,10x$

Verfahren B:

$$\text{Kalkulatorische Abschreibung} = \frac{\text{Anschaffungskosten} - \text{Restwert}}{\text{Nutzungsdauer}}$$

$$= \frac{500.000\ \text{€} - 10.000\ \text{€}}{7\ \text{Jahre}} = 70.000\ \text{€ p. a.}$$

$$\text{Kalkulatorische Zinsen} = \frac{\text{Anschaffungskosten} + \text{Restwert}}{2} \cdot \text{Kalkulationszinssatz}$$

$$= \frac{500.000\ \text{€} + 10.000\ \text{€}}{2} \cdot 0,05 = 12.750\ \text{€ p. a.}$$

Summe fixe Kosten = Kalk. Abschreibung + Kalk. Zinsen + Gehälter + Instandhaltung

$= 70.000\ \text{€} + 12.750\ \text{€} + 20.000\ \text{€} + 20.000\ \text{€}$
$= 122.750\ \text{€}$

$k_v = 5\ \text{€} + 4\ \text{€} + 0,10\ \text{€} = 9,10\ \text{€}$
$K^B (x) = 122.750 + 9,10x$

Gewinnfunktionen:

$$G^A = p^A \cdot x - K^A$$

$= 3.000x - 15,10x - 147.500 = 2.984,90x - 147.500$

$$G^B = p^B \cdot x - K^B$$

$= 2.000x - 9,10x - 122.750 = 1.990,90x - 122.750$

Die Gewinnfunktionen werden gleichgesetzt:

$$G^A = G^B$$

2.984,90x - 147.500 = 1.990,90x - 122.750
994x = 24.750
x = 24,9

Die kritische Menge liegt bei 25 Stück.

b) Berechnen Sie, ab welcher Menge jedes Verfahren generell einen Gewinn erzielt.

$$G^A = 0$$

2.984,90x - 147.500 = 0
x^A = 49,42

Verfahren A erzielt ab dem 50. Stück einen Gewinn.

$$G^B = 0$$

1.990,90x - 122.750 = 0
x^B = 61,66

Verfahren B erzielt ab dem 62. Stück einen Gewinn.

c) Grafik:

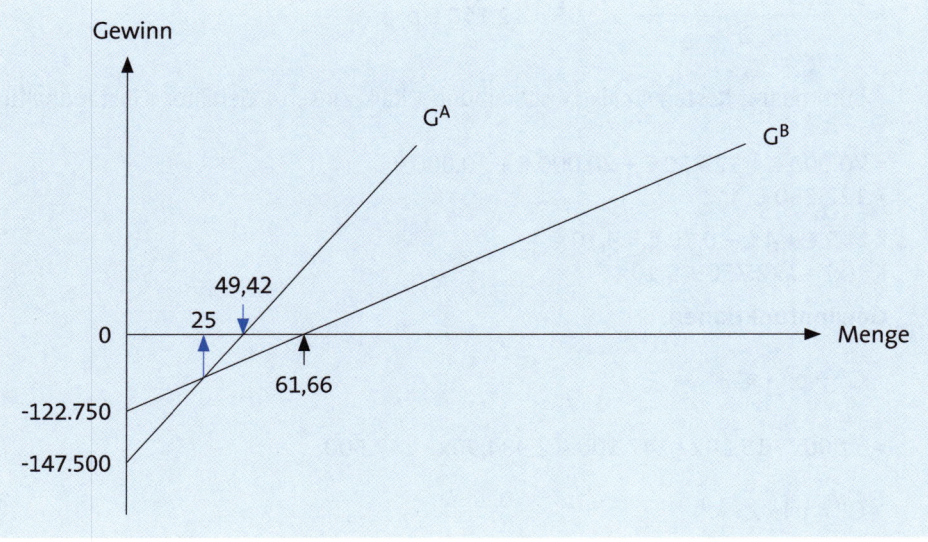

Lösung zu Aufgabe 5:

a) **Rentabilität neues Energiemanagement:**

$$R^{Energie} = \frac{Minderkosten}{Kapitaleinsatz} \cdot 100$$

$$= \frac{29.400\ €}{900.000\ €} = 3,27\ \%$$

Durch das neue Energiemanagement kann eine Rendite von 3,27 % p. a. erzielt werden.

Rentabilität Unternehmenskauf:

$$R^{Unternehmenskauf} = \frac{Gewinn}{Kapitaleinsatz} \cdot 100$$

$$= \frac{150.000\ €}{1.000.000\ €} \cdot 100 = 15\ \%$$

Die Maschinenbau AG kann das mittelständische Unternehmen für 1 Mio. € erwerben und einen jährlichen Gewinn (Annahme!) von 150.000 € generieren. Damit wird eine Rentabilität von 15 % erzeugt.

$$Gesamtkapitalrendite^{Fortgeführte\ Unternehmen} = \frac{Gewinn + Fremdkapitalzinsen}{Gesamtkapital} \cdot 100$$

$$= \frac{150.000\ € + 15.000\ €}{1.500.000\ €} = 11\ \%$$

Das fortgeführte Elektrounternehmen wird, wenn alle Daten auch in der Zukunft gleich bleiben (ceteris paribus), eine Rendite von 11 % generieren.

Fazit: Der Kauf des Unternehmens ist dem Energiemanagement derzeit mit den gegebenen Daten vorzuziehen.

b) Wenn der Kapitaleinsatz im Nenner der Rentabilitätsformel verwendet wird, dann wird nur die Rentabilität eines Jahres angegeben. Bei einem Ansatz mit dem „durchschnittlichen Kapitaleinsatz" wird unterstellt, dass sich die Anschaffungskosten über die Nutzungsdauer jährlich um eine Abschreibung vermindern. Mit dem „durchschnittlichen Kapitaleinsatz" wird ein Näherungswert angegeben.

Wenn ein Buchwert (Anschaffungskosten abzüglich Abschreibung) pro Jahr zur Rentabilitätsrechnung herangezogen werden würde, dann stiegen die Rentabilitäten pro Jahr wegen eines kleiner werdenden Nenners in der Rentabilitätsformel an.

c) Zur Berechnung der Rentabilität werden die Anschaffungskosten (Kapitaleinsatz) sowie der Gewinn des Prozesses B benötigt. Der Gewinn wird aus der Differenz „Umsatz minus Kosten" ermittelt. Die Kosten der Maschine im Prozess B sind ermittelbar. Der Output der Maschine im Prozess B stellt keine vollständig marktfähige Leistung an den Endkunden dar, sondern eine Vorleistung für den Prozess C. Daher ist kein Umsatz (Menge • Preis) bestimmbar. Um die Rentabilität der Maschine im Prozess B zu bestimmen, müsste aufgrund der Kunden-Lieferanten-Beziehung ein interner Verrechnungspreis durch einen Betriebsabrechnungsbogen ermittelt werden.

Lösung zu Aufgabe 6:

$$\text{Amortisationszeit} = \frac{\text{Kapitaleinsatz}}{\text{Minderkosten}}$$

$$= \frac{2.500.000 \text{ €}}{120.000 \text{ €}} = 20,8 \text{ Jahre}$$

Die Vorgabe, dass sich Investitionen innerhalb von 3 Jahren amortisieren sollten, wird deutlich überschritten. Die Investitionen ist im Rahmen der Amortisationsrechnung abzulehnen. Jedoch sollten Investitionsentscheidungen nicht nur mit einem Ansatz der Investitionsrechnung getroffen werden.

Lösung zu Aufgabe 7:

a) Berechnung Amortisationszeit:

$$\text{Amortisationszeit} = \frac{\text{Anschaffungskosten - Restwert}}{\text{durchschnittlicher Gewinn p. a. + Abschreibung p. a.}}$$

$$= \frac{6.000.000 \text{ € - } 600.000 \text{ €}}{200.000 \text{ € + } 360.000 \text{ €}} = 9,6 \text{ Jahre}$$

Das Containerterminal amortisiert sich nach 9,6 Jahren.

b) Die Amortisationszeit des Containerterminals überschreitet mit 9,6 Jahren deutlich die Vorgabe der Geschäftsleitung. Die Investition kann als unvorteilhaft nach dem Entscheidungskriterium eingestuft werden. Durch kurze Amortisationszeiten werden längerfristige Investitionen benachteiligt. Die Geschäftsleitung sollte die Amortisationszeiten nach der Art der Investitionen differenzieren und keine generelle Vorgabe aufstellen. Zudem sollten andere Investitionsrechenverfahren (z. B. Kapitalwertmethode) zur Entscheidungsfindung herangezogen werden, da eine Investitionsentscheidung nicht aufgrund eines Rechenverfahrens (hier: Amortisationsrechnung) getroffen werden sollte. Zudem können qualitative Aspekte (Imagesteigerung durch Containerterminal) eine Rolle spielen.

Lösung zu Aufgabe 8:

Jahr	Einzahlungen	Kumulierte Einzahlungen abzüglich Anschaffungsauszahlung
1	40.000 €	- 210.000 €
2	40.800 €	- 169.200 €
3	39.984 €	- 129.216 €
4	50.000 €	- 79.216 €
5	30.000 €	- 49.216 €
6	60.000 €	+ 10.784 €

$$\text{Amortisationszeit} = \text{Jahr 5} - \text{Summe Jahr 5} = \frac{\text{Jahr 6} - \text{Jahr 5}}{\text{Summe Jahr 6} - \text{Summe Jahr 5}}$$

$$= 5 - (-49.216) = \frac{1}{10.784 - (-49.216)} = 5{,}82 \text{ Jahre}$$

Die Investition wird nach 5,82 Jahren wiedergewonnen.

Lösung zu Aufgabe 9:

a) Statische Amortisationszeit nach der Durchschnittswertmethode:

$$\frac{\text{Durchschnittswert}}{\text{jährliche Rückflüsse}} = \frac{\begin{array}{c}90.000\,€ + 90.000\,€ + 140.000\,€ \\ + 170.000\,€ + 220.000\,€\end{array}}{5 \text{ Jahre}} = 142.000\,€ \text{ p. a.}$$

$$\text{Amortisationszeit} = \frac{320.000\,€}{142.000\,€ \text{ p. a.}} = 2{,}25 \text{ Jahre}$$

Die durchschnittliche Amortisationszeit beträgt 2,25 Jahre. Das bedeutet, dass die Anschaffungskosten nach 2,25 Jahren wiedergewonnen werden.

b) Statische Amortisationszeit nach der Kumulationsmethode:

Jahr	Nettoeinzahlung	Kumulierter Rückfluss
1	90.000 €	90.000 €
2	90.000 €	180.000 €
3	140.000 €	320.000 €
4	170.000 €	490.000 €
5	220.000 €	710.000 €

Nach der Kumulationsmethode werden die Anschaffungskosten nach 3 Jahren wiedergewonnen.

c) Es ist eine Amortisationszeit nach der Durchschnittswertmethode von 2,25 Jahren festzustellen. Nach der Kumulationsmethode beträgt die Amortisationszeit 3 Jahre. Wenn die Nettoeinzahlungen über die Zeit ansteigen, dann ist die Amortisationszeit nach der Kumulationsmethode größer als nach der Durchschnittswertmethode. Bei fallenden Nettoeinzahlungen ergibt sich ein umgekehrtes Ergebnis.

Lösung zu Aufgabe 10:

a)

Jahr	Rückfluss	Kumulierte Rückflüsse	Kumulierte Rückflüsse - Anschaffungsauszahlung
1	10.000 €	10.000 €	- 50.000 €
2	12.000 €	22.000 €	- 38.000 €
3	14.400 €	36.400 €	- 23.600 €
4	17.280 €	53.680 €	- 6.320 € (Summe 4)
5	20.736 €	74.416 €	+ 14.416 € (Summe 5)

$$\text{Amortisationszeit} = \text{Jahr 4} - \text{Summe Jahr 4} = \frac{\text{Jahr 5} - \text{Jahr 4}}{\text{Summe Jahr 5} - \text{Summe Jahr 4}}$$

$$= 4 - (-6.320) = \frac{1}{14.416 - (-6.320)} = 4{,}30 \text{ Jahre}$$

Die Auszahlung für 10.000 Aktien wird nach 4,30 Jahren wiedergewonnen, wenn die Schätzungen eintreten.

b) Vergleich Kumulationsmethode und Durchschnittswertmethode:

Durchschnittliche Rückflüsse = 14.883,20 € p. a. (74.416 €/5 Jahre)

$$\text{Durchschnittliche Amortisationszeit} = \frac{60.000 \text{ €}}{14.883{,}20 \text{ € p. a.}} = 4{,}03 \text{ Jahre}$$

Die Abweichung zwischen beiden Methoden beträgt in diesem Fallbeispiel 0,27 Jahre. Die Kumulationsmethode mit Interpolation („regula falsi") ist genauer.

Lösung zu Aufgabe 11:

Kritikpunkte an der statischen Amortisationsrechnung:

► Eine Investition kann im Rahmen der statischen Amortisationsrechnung unwirtschaftlich sein, obwohl eine kurze Amortisationszeit vorliegt. Die statische Amortisationsrechnung berücksichtigt nicht die Periode nach der Amortisationszeit. Es kann der Fall eintreten, dass in den Perioden nach der Amortisationszeit so geringe Nettoeinzahlungen vorhanden sind, dass keine ausreichende Verzinsung erbracht wird. Daher ist die statische Amortisationsrechnung als alleiniges Instrument für Investitionsentscheidungen ungeeignet.

► Wenn 2 oder mehrere Investitionsobjekte die gleiche Amortisationszeit haben, bedeutet dies nicht, dass sie auch gleich wirtschaftlich sind. Bei unterschiedlichen Nettoeinzahlungen ist tendenziell das Investitionsobjekt das wirtschaftlichere, das die größeren Nettoeinzahlungen in den ersten Perioden hat. Die statistische Amortisationsrechnung kann daher keine Informationen über die Vorteilhaftigkeit einer Investition liefern. Es sollten immer mehrere Investitionsrechenverfahren für die Entscheidungsfindung herangezogen werden.

► Interne Vorgaben eines Unternehmens zur Amortisationszeit, z. B. maximal 3 Jahre, können dazu führen, dass längerfristige Investitionen nicht berücksichtigt werden. Derartige maximale Amortisationszeiten fördern das kurzfristige unternehmerische Denken. Daher sollte für die Überprüfung der Vorteilhaftigkeit z. B. die Kapitalwertmethode herangezogen werden.

► Die statische Amortisationsrechnung berücksichtigt keine Verzinsung. Diese wird bei der dynamischen Amortisationsrechnung einbezogen.

Lösung zu Aufgabe 12:

a) Kostenvergleichsrechnung:

Verfahren A:

Fixe Kosten:

$$\text{Kalkulatorische Abschreibung} = \frac{\text{Anschaffungskosten - Restwert}}{\text{Nutzungsdauer}}$$

$$= \frac{2.000.000\ \text{€} - 200.000\ \text{€}}{10\ \text{Jahre}} = 180.000\ \text{€ p. a.}$$

$$\text{Kalkulatorische Zinsen} = \frac{\text{Anschaffungskosten + Restwert}}{2} \cdot \text{Kalkulationszinssatz}$$

$$= \frac{2.000.000\ \text{€} + 200.000\ \text{€}}{2} \cdot 0,1 = 110.000\ \text{€ p. a.}$$

Gehälter 60.000 €

Summe Fixkosten = K_f = 180.000 € + 110.000 € + 60.000 € = 350.000 €
k_v = 2 € + 0,10 € + 6 € = 8,10 €/Stück
K^A = 350.000 € + 8,10x

Verfahren B:

$$\text{Kalkulatorische Abschreibung} = \frac{\text{Anschaffungskosten - Restwert}}{\text{Nutzungsdauer}}$$

$$= \frac{2.200.000\ \text{€} - 400.000\ \text{€}}{10\ \text{Jahre}} = 180.000\ \text{€ p. a.}$$

$$\text{Kalkulatorische Zinsen} = \frac{\text{Anschaffungskosten} + \text{Restwert}}{2} \cdot \text{Kalkulationszinssatz}$$

$$= \frac{2.200.000 \, € + 400.000 \, €}{2} \cdot 0,1 = 130.000 \, € \text{ p. a.}$$

Gehälter 20.000 €

Summe Fixkosten = K_f = 180.000 € + 130.000 € + 20.000 € = 330.000 €

k_v = 4 € + 0,12 € + 6 € = 10,12 €/Stück

K^B = 330.000 € + 10,12x

$$K^A = K^B$$

350.000 + 8,10x = 330.000 + 10,12x
20.000 = 2,02x
x = 9.900,99 (= 9.901 Stück)

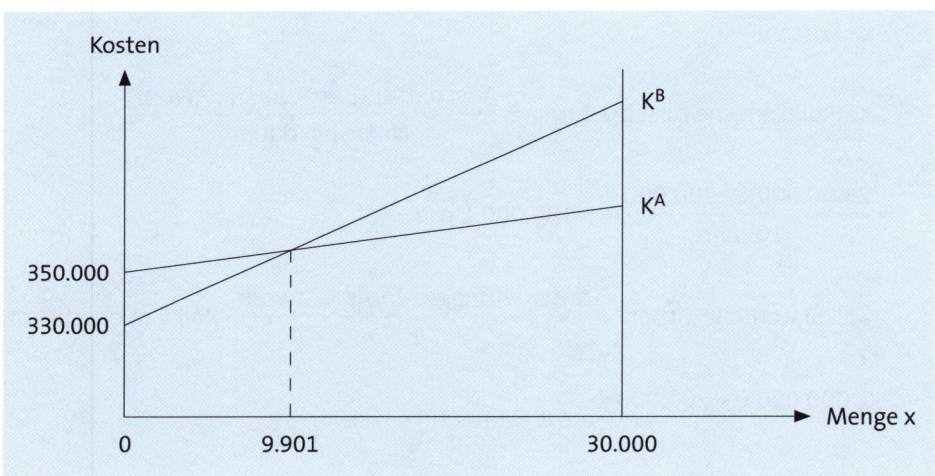

Aus der Abbildung ist ersichtlich, dass Verfahren A ab 9.902 Stück geringere Kosten als Verfahren B aufweist. Im Intervall 1 bis 9.900 ist Verfahren B günstiger.

b) Auslastungsgrad der kritischen Menge in Bezug auf die Kapazitätsgrenze:

$$\text{Auslastungsgrad} = \frac{\text{kritische Menge}}{\text{Kapazitätsgrenze}} \cdot 100$$

$$= \frac{9.901 \, \text{Stück}}{30.000 \, \text{Stück}} \cdot 100 = 33,00 \, \%$$

Bei der kritischen Menge liegt ein Auslastungsgrad von 33 % vor.

c) Gewinnfunktionen:

$$G^A = p^A x - K^A$$

$$= 200x - 350.000 - 8,10x = 191,90x - 350.000$$

$$G^B = p^B x - K^B$$

$$= 300x - 330.000 - 10,12x = 289,88x - 330.000$$

$$G^A = G^B$$

$191,90x - 350.000 = 289,88x - 330.000$
$- 20.000 = 97,98x$
$x = - 204,12$

Daraus folgt: Eine negative Menge gibt es nicht. Die beiden Gewinnfunktionen schneiden sich **nicht** ab der Menge 0. Es kann keine (positive) kritische Menge bestimmt werden.

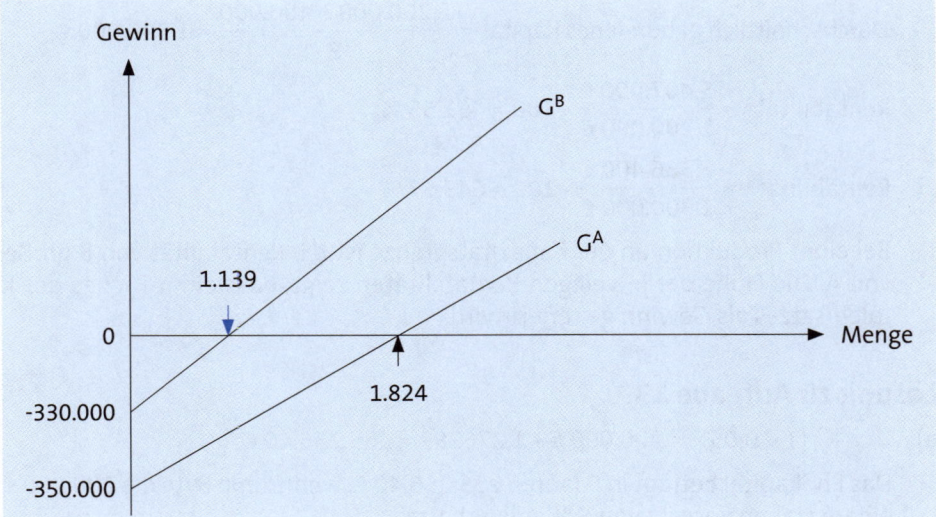

Ermittlung der Nullstellen, um festzustellen, ab welcher Menge pro Verfahren ein Gewinn erzielt wird.

$G^A = 191,90x - 350.000 = 0$
$x = 1.823,87$

Mit Verfahren A kann ab 1.824 Stück Gewinn erzielt werden.

$G^B = 289,88x - 330.000 = 0$
$x = 1.138,40$

Mit Verfahren B kann ab 1.139 Stück Gewinn erzielt werden.

d) Rentabilitäten der Investitionen A und B an der Kapazitätsgrenze:

$$\text{Rentabilität} = \frac{\text{Gewinn}}{\text{durchschnittlich gebundenes Kapital}} \cdot 100$$

Ermittlung des Gewinns an der Kapazitätsgrenze:

$G^A = 191{,}90x - 350.000 = 191{,}90 \cdot 30.000 - 350.000 = 5.407.000 \,€$

$G^B = 289{,}88x - 330.000 = 289{,}88 \cdot 30.000 - 330.000 = 8.366.400 \,€$

Ermittlung des durchschnittlich gebundenen Kapitals:

$$\text{Durchschnittlich gebundenes Kapital} = \frac{\text{Anschaffungskosten} + \text{Restwert}}{2}$$

Verfahren A:

$$\text{Durchschnittlich gebundenes Kapital} = \frac{2.000.000 + 200.000}{2} = 1.100.000 \,€$$

Verfahren B:

$$\text{Durchschnittlich gebundenes Kapital} = \frac{2.200.000 + 400.000}{2} = 1.300.000 \,€$$

$$\text{Rentabilität}^A = \frac{5.407.000 \,€}{1.100.000 \,€} \cdot 100 = 491{,}55 \,\%$$

$$\text{Rentabilität}^B = \frac{8.366.400 \,€}{1.300.000 \,€} \cdot 100 = 643{,}57 \,\%$$

Bei einer Produktion an der Kapazitätsgrenze ist die Rentabilität von B größer als von A. Die Höhe der jeweiligen Rentabilitäten zeigt, dass ein n-Faches des Kapitaleinsatzes als Gewinn generiert wird.

Lösung zu Aufgabe 13:

a) $K_5 = K_0 (1 + 0{,}05)^5 = 200.000 \,€ \cdot 1{,}276282 = 255.256{,}40 \,€$

Das Endkapital beträgt in 5 Jahren 255.256,40 €, wenn Sepp Byte die 200.000 € mit einem Habenzinssatz von 5 % anlegt hätte.

b)

✖ MERKE

Sollte kein tabellierter Aufzinsungsfaktor für $i = 0{,}01$ vorliegen, dann muss der Aufzinsungsfaktor mit dem Taschenrechner ermittelt werden. Dabei ist zu beachten, dass maximal 6 Stellen nach dem Komma stehen sollten. Es wird von der 7. zur 6. Stelle nach dem Komma kaufmännisch gerundet.

$$K_n = K_0 (1 + i)^n$$

$K_5 = 200.000 \text{€} \cdot 1,01^5 = 200.000 \text{€} \cdot 1,051010 = 210.202 \text{€}$

Bei einem Zinssatz von 5 % wird nach 5 Jahren ein Endwert von 255.256,40 € erreicht. Wenn der Habenzinssatz um 4 Prozentpunkte auf 1 % fällt, dann beträgt der Zinsverlust 45.054,40 € (255.256,40 € - 210.202 €).

Lösung zu Aufgabe 14:

Die Ersparnisse betragen jährlich 80.000 € (120.000 € - 40.000 €). Bei dieser Aufgabenstellung wird der Endwertfaktor eingesetzt, da konstante Zahlungen g pro Periode vorliegen.

g = konstante Zahlung
EWF = Endwertfaktor

K_n = g • EWF (5 %, 5 Jahre) = 80.000 € • 5,525631 = 442.050,48 €

Das Endkapital beträgt nach 5 Jahren bei einem Zinssatz von 5 % 442.050,48 €.

Lösung zu Aufgabe 15:

Statt des Nominalzinssatzes wird nun der Realzinssatz in die Zinseszinsformel eingesetzt.

Realzinssatz = Nominalzinssatz - Inflationsrate

= 0,01 - 0,02 = - 0,01 (negativer Realzinssatz)

Somit ist i = - 0,01.

1 + i = 1 - 0,01 = 0,99

$$K_n = K_0 (1 + i)^n$$

$K_5 = 200.000 \text{€} \cdot 0,99^5 = 190.198,01 \text{€}$

Das Endkapital beträgt 190.198,01 €, wenn die Inflationsrate und somit der (negative) Realzinssatz berücksichtigt werden. Sepp Byte verliert innerhalb 5 Jahren 9.801,99 € an Kapitalsubstanz.

Lösung zu Aufgabe 16:

$$(1 + i)^n = q^n$$

$$K_0 = K_n \cdot \frac{1}{q^n}$$

Barwerte:
$K_0 = 500.000\ \text{€} \cdot 0{,}909091 = 454.545{,}50\ \text{€}$
$K_0 = 560.000\ \text{€} \cdot 0{,}826446 = 462.809{,}76\ \text{€}$
$K_0 = 580.000\ \text{€} \cdot 0{,}751315 = 435.762{,}70\ \text{€}$
$K_0 = 720.000\ \text{€} \cdot 0{,}683013 = 491.769{,}36\ \text{€}$
$K_0 = 800.000\ \text{€} \cdot 0{,}620921 = 496.736{,}80\ \text{€}$

Summe der Barwerte = 2.341.624,12 €

Lösung zu Aufgabe 17:

Jahr	Nettoeinzahlung	Abzinsungsfaktor bei 8 %	Barwerte
1	120.000 €	0,925926	111.111,12 €
2	126.000 €	0,857339	108.024,71 €
3	132.300 €	0,793832	105.023,97 €
4	138.915 €	0,735030	102.106,69 €
5	145.861 €	0,680583	99.270,52 €
		Summe	525.537,01 €

Lösung zu Aufgabe 18:

a) Summe der Barwerte:

Wenn **konstante** Nettoeinzahlungen vorliegen, dann kann statt der Abzinsungen der einzelnen Beträge pro Periode auch der Diskontierungssummenfaktor (DSF) gewählt werden. Die Ermittlung der Barwerte mithilfe des DSF senkt den Rechenaufwand, da nicht jede Position einzeln abgezinst werden muss.

$K_0 = g \cdot \text{DSF (10 Jahre, 5 \%)} = 90.000\ \text{€} \cdot 7{,}721735 = 694.956{,}15\ \text{€}$

Wenn der Investor 10 Jahre Nettoeinzahlungen in Höhe von 90.000 € p. a. erhält und ein Kalkulationszinssatz von 5 % zugrunde gelegt wird, dann beträgt die Summe der Barwerte 694.956,15 €.

b) $K_0 = -10.000\ \text{€} \cdot 0{,}863838 = -8.638{,}38\ \text{€}$
$K_0 = +300.000\ \text{€} \cdot 0{,}613913 = 184.173{,}90\ \text{€}$

Summe der Barwerte = 694.956,15 € - 8.638,38 € + 184.173,90 € = 870.491,67 €

Durch den Verkauf der Eigentumswohnung und unter Berücksichtigung der außerordentlichen Zahlung im 3. Jahr erhöht sich die Summe der Barwerte auf 870.491,67 € (Zunahme um 175.535,52 €).

Lösung zu Aufgabe 19:

a)

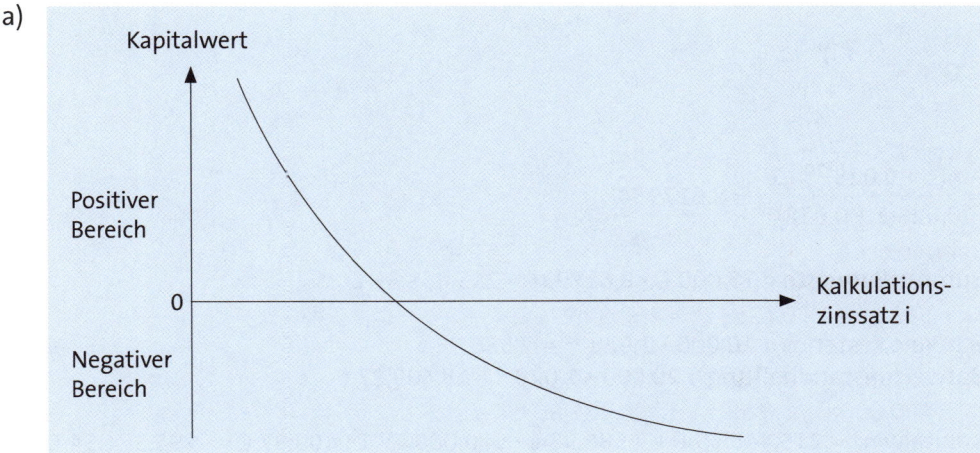

Der Kapitalwert ist von der Zeit sowie vom Kalkulationszinssatz abhängig. Die Grafik vermittelt eine Abhängigkeit vom Kalkulationszinssatz. Wenn der Kalkulationszinssatz sinkt, dann nimmt der Kapitalwert zu und umgekehrt.

b) Rückstellungen mit einer Laufzeit von mehr als einem Jahr müssen abgezinst werden. Der relevante Zinssatz wird auf der Homepage der Deutschen Bundesbank bekannt gegeben. Wenn Rückstellungen abgezinst werden und der Kalkulationszinssatz wegen eines allgemeinen Niedrigzinsniveaus in einer Volkswirtschaft sehr gering ist, dann steigt der Kapitalwert (hier die Barwerte der Rückstellungen) an. Da Rückstellungen dem Fremdkapital zuzuordnen sind, erhöhen sich bei niedrigen Kalkulationszinssätzen die Rückstellungen und somit das Fremdkapital. Durch ein Niedrigzinsniveau kann je nach Kapital- und Vermögensstruktur eine Überschuldungsgefahr (negatives Eigenkapital) eintreten.

Lösung zu Aufgabe 20:

Jahr	Einzahlungen	Auszahlungen
1	25.000 €	
2	25.000 €	
3	25.000 €	20.000 €
4	25.000 €	
5	25.000 €	
6	25.000 €	
7	25.000 €	
8	25.000 €	
9	25.000 €	
10	25.000 € 10.000 €	

Nutzung des Diskontierungssummenfaktors DSF bei 2,8 % und 10 Jahren:

$$DSF = \frac{(1 + i)^n - 1}{i(1 + i)^n}$$

$$= \frac{(1 + 0,028)^{10} - 1}{0,028(1 + 0,028)^{10}} = 8,617934$$

Summe Barwerte = 25.000 € • 8,617934 = 215.448,35 €

Barwert Resterlös = 10.000 • 1,028^{-10} = 7.586,98 €
Barwert Instandhaltung = 20.000 • 1,028^{-3} = 18.409,87 €

Kapitalwert = 215.448,35 € + 7.586,98 € - 500.000 € - 18.409,87 € = - 295.374,54 €

Die Investition lohnt sich nicht, da der Kapitalwert negativ ist. Der Investor erhält nicht die gewünschte Mindestverzinsung sowie nicht seine Anschaffungsauszahlung zurück. Es wird auch kein Überschuss erzielt.

Lösung zu Aufgabe 21:

Jahr	Rückflüsse in €	Kumulierte Rückflüsse in €	Barwerte in €	Kumulierte barwertige Rückflüsse
1	25.000	25.000	23.809,52	23.809,52
2	25.000	50.000	22.675,74	46.485,26
3	25.000	75.000	21.595,94	68.081,20
4	25.000	100.000	20.567,56	88.648,76
5	25.000	125.000	19.588,15	108.236,91
6	25.000	150.000	18.655,38	126.892,29
7	25.000	175.000	17.767,03	144.659,32
8	25.000	200.000	16.920,98	161.580,30
9	25.000	225.000	16.115,22	177.695,52
10	25.000	250.000	15.347,83	193.043,35

$$\text{Dynamische Amortisationszeit} = 5 - (- 11.763,09 €) \frac{6 - 5}{6.892,29 - (- 11.763,09)} = 5,63 \text{ Jahre}$$

Die Anschaffungsauszahlung inklusive der Verzinsung von 5 % wird im Rahmen der dynamischen Investitionsrechnung nach 5,63 Jahren wiedergewonnen. Nach der statischen Durchschnittswertmethode (ohne Verzinsung) erfolgt die Amortisation nach 4,8 Jahren (120.000 €/25.000 €).

Lösung zu Aufgabe 22:

Jahr	Nettoeinzahlungen	Barwerte 0,5 %	Barwerte bei 1 %
1	20.000 €	19.900,50 €	19.801,98 €
2	22.000 €	21.781,64 €	21.566,51 €
3	24.200 €	23.840,60 €	23.488,28 €
4	26.620 €	26.094,19 €	25.581,30 €
5	29.282 €	28.560,80 €	27.860,82 €
	Summe	120.177,73 €	118.298,89 €

KW_1: Kapitalwert bei 0,5 % = 120.177,73 € - 120.000 € = 177,73 €
KW_2: Kapitalwert bei 1 % = 118.298,89 € - 120.000 € = - 1.701,11 €

Ermittlung des internen Zinsfußes mithilfe „regula falsi" (Interpolation):

$$r = i_1 - KW_1 \frac{i_2 - i_1}{KW_2 - KW_1}$$

$$= 0,005 - 177,73 \frac{0,01 - 0,005}{- 1.701,11 - 177,73} = 0,0054729 \text{ (ca. 0,55 \%)}$$

Der interne Zinsfuß beträgt 0,55 %. Beim internen Zinsfuß ist der Kapitalwert gleich 0. Der Investor erhält die Anschaffungsauszahlung sowie eine Verzinsung in Höhe von 0,55 % zurück. Ein Überschuss wird nicht erzielt.

Lösung zu Aufgabe 23:

$$\text{Annuität} = \text{Barwert} \cdot \text{Annuitätenfaktor} = \text{Barwert} \cdot \frac{i(1 + i)^n}{(1 + i)^n - 1}$$

$$= 200.000 \cdot \frac{0,034 \cdot 1,034^{10}}{1,034^{10} - 1} = 23.927,22 €$$

Die Annuität (Zinsen und Tilgung) beträgt für das Darlehen pro Jahr 23.927,22 €.

Lösung zu Aufgabe 24:

Aus DIHK-Formelsammlung entnehmen:
Restwertverteilungsfaktor (RVF) bei 5 % und 8 Jahren:
RVF = 0,104722
Annuität = 1.000.000 € · 0,104722 = 104.722 €

Der Angestellte müsste 104.722 € pro Jahr sparen, um in 8 Jahren bei einem Zinssatz von 5 % 1.000.000 € zu erreichen.

Lösung zu Aufgabe 25:

Jahr	Nettoeinzahlungen	Abzinsungsfaktor 10 %	Barwerte
1	+ 3.000 €	0,909091	2.727,27 €
2	- 5.000 €	0,826446	- 4.132,23 €
3	+ 10.000 €	0,751315	7.513,15 €
4	+ 21.000 € + 7.000 €	0,683013	14.343,27 € 4.781,09 €
		Summe	**25.232,55 €**

1. Schritt: Abzinsen auf der Periode t_0

2. Schritt: Ermittlung der Barwerte und Bildung der Summe

3. Schritt: Berechnung des Kapitalwertes

Kapitalwert = Summe der Barwerte - Anschaffungsauszahlung

= 25.232,55 € - 20.000 € = 5.232,55 €

4. Schritt: Berechnung der Annuität

Annuität = Kapitalwert • Annuitätenfaktor (10 %, 4 Jahre)

= 5.232,55 € • 0,315471 = 1.650,72 €

Mit dieser Investition wird ein durchschnittlicher jährlicher Überschuss in Höhe von 1.650,72 € erzielt.

Lösung zu Aufgabe 26:

Kritikpunkte an den statischen Investitionsverfahren:

► Die statischen Investitionsverfahren unterstellen eine repräsentative Periode (einmalige Periode oder Durchschnittswerte aus mehreren Perioden). Dadurch werden die Kosten und/oder Umsatzerlöse gleichmäßig verteilt, was i. d. R. nicht realistisch ist.

► Wenn die Zeit nicht explizit berücksichtigt wird, dann können auch Veränderungen der Auslastung nicht abgebildet werden. Eine konstante Auslastung über längere Zeiträume ist unrealistisch.

► Die Kostenfunktionen werden häufig linear dargestellt, was nicht der Realität entspricht.

Lösung zu Aufgabe 27:

Kritikpunkte an den dynamischen Investitionsverfahren:

▸ Die Abschreibung wird nicht berücksichtigt, weil sie keine Auszahlung darstellt.

▸ Die Prognose der Ein- und Auszahlungen über längere Zeiträume ist in einer komplexen und dynamischen Wirtschaft kritisch, da sie kaum mehr verlässlich vorhersagbar sind.

▸ Die Schätzung des Risikoaufschlags beim Kalkulationszinssatz ist vage und wird mit einer Zahl abgebildet. Daraufhin wird mit exakten finanzmathematischen Verfahren gearbeitet, was zu einem „inneren Widerspruch" führt.

Lösung zu Aufgabe 28:

Basisperiode t_0	t_1	t_2	t_3	t_4	t_5
- 150.000 €	40x	40x	40x	40x	40x
	- 30x	- 30x	- 30x	- 30x	- 30x
	- 2.000 €	- 2.000 €	- 2.000 €	- 2.000 €	- 2.000 € + 10.000 €

Durchschnittlicher jährlicher Überschuss (DJÜ) =
$40x + 10.000 \cdot RVF_5 - 2.000 - 150.000 \cdot KWF_5 =$
$40x + 10.000 \cdot 0,180975 - 2.000 - 150.000 \cdot 0,230975 =$
$40x - 34.836,50$
$DJÜ (x) = 40x - 34.836,50 = 0$
$x = 870,91$ (871 Stück)

Eine Investition lohnt sich, wenn das Unternehmen mindestens 871 Stück produziert.

Lösung zu Aufgabe 29:

a) Die Mieterträge vom 6. bis 10. Jahr werden mit dem DSF zu 3 % über 5 Jahre auf das 5. Jahr abgezinst. Der resultierende Betrag in Höhe von 12.076,53 €, **vom 5. Jahr ausgehend**, wird dann auf die Nullperiode abgezinst (Abzinsf$_5$).

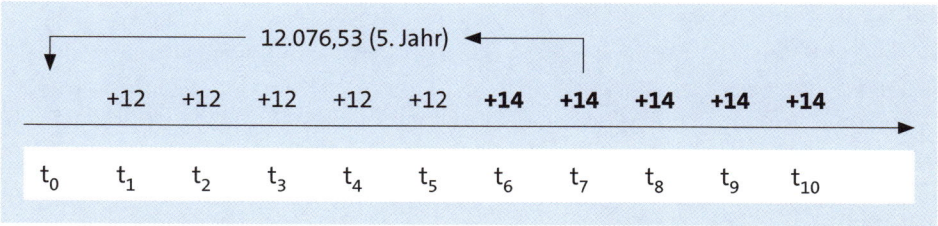

Kapitalwert = Summe der Barwerte - Anschaffungsauszahlung

Abzinsf = Abzinsungsfaktor

C_0 = - A + 12.000 • DSF_5 + 14.000 • DSF_5 • $Abzinf_5$ + 1.000.000 $Abzinf_{10}$ - 150.000 • $Abzinf_1$

= - A + 12.000 • 4,579707 + 14.000 • 4,579707 • 0,862609 + 1.000.000 • 0,744094 - 150.000 • 0,970874

= - A + 54.956,48 + 55.306,95 + 744.094 - 145.631,10 = 854.357,43 € - 145.631,10 €

= - A + 708.726,33 €

C_0 = 0

A = Summe der Barwerte = 708.726,33 €

Der Investor sollte das Mietshaus zu höchstens 708.726,33 € einkaufen, damit sich die Investition bei einem Kalkulationszinssatz von 3 % gerade noch lohnt.

b)   A = 854.357,43 € - 300.000 € • $Abzinf_1$ = 854.357,43 € - 300.000 • 0,970874 = 563.095,23 €

Die kritische Anschaffungsauszahlung liegt bei 563.095,23 €.

c)   Soll-Verkaufspreis = 630.000 €
854.357,43 € - 630.000 € = 224.357,43 €

Die Sanierungskosten dürfen maximal 224.357,43 € betragen.

Lösung zu Aufgabe 30:

Der Controller hat ein Auswahlproblem, welche Investitionsrechenverfahren gewählt werden sollen. Aufgrund von unterschiedlichen Datenlagen oder Schätzungen können Problemkreise entstehen. Zudem bestehen Unsicherheiten bei der Bestimmung des Kalkulationszinssatzes, bei der Abgrenzung des Betrachtungszeitraumes oder bei der Bestimmung des Verkaufspreises. Der Controller steht vor dem Problem, auf welchen Ansatz er vertrauen sollte. Darüber hinaus können die Resultate der verschiedenen Investitionsrechenverfahren widersprüchlich sein.

3. Durchführen von Nutzwertrechnungen

Lösung zu Aufgabe 1:

Im Rahmen des Paarvergleichs der Kriterien wird definiert:

2 = Kriterium der Spalte wichtiger als Kriterium der Zeile

1 = Beide Kriterien sind gleich wichtig.

0 = Kriterium der Spalte ist weniger wichtig als Kriterium der Zeile

Exemplarische Lösung:

Kriterien	Vielseitiger Einsatz der Maschine	Flexible Positionie-rung	Schnelle Ersatzteil-versorgung	Ergonomi-sche Hand-habung	Summe
Vielseitiger Einsatz der Maschine		2	1	2	5
Flexible Positionierung	0		0	2	2
Schnelle Ersatz-teilversorgung	1	2		2	5
Ergonomische Handhabung	0	0	0		0
Summe	1	4	1	6	12
Rang	3,5	2	3,5	1	
Gewichtung	0,1	0,3	0,1	0,5	1,0 (100 %)

Die Gewichtungen können für eine Nutzwertanalyse verwendet werden.

Lösung zu Aufgabe 2:

Ordinalskala:
1 = sehr gut ... 5 = schlecht

Die in der Nutzwertanalyse eingetragenen Bewertungen sind exemplarisch.

Kriterien	Gewich-tung	Maschine		Nutz-wert A	Nutz-wert B
		A	B		
Service	0,2	1	3	0,2	0,6
Zuverlässigkeit des Lieferanten Liefertreue Lieferung mangelfreier Produkte	0,3 0,4	2 1	3 3	0,6 0,4	0,9 1,2
Bedienerfreundlichkeit der Maschine	0,1	1	3	0,1	0,3
	1,0			1,3	3,0
				Rang 1	*Rang 2*

Maschine A erhält den Rang 1. Sie ist unter Berücksichtigung der nicht monetären Aspekte der Maschine B vorzuziehen.

Lösung zu Aufgabe 3:

Nach der Erstellung einer Nutzwertanalyse kann nach einer gewissen Zeit eine Sensibilitätsanalyse durchgeführt werden, um die Gewichtung sowie die Bepunktungen der Kriterien bei den Investitionsalternativen zu ändern. Im Laufe der Zeit können sich bei Investitionen neue Erkenntnisse z. B. aufgrund des technischen Fortschritts ergeben, sodass die Nutzwertanalyse erneut durchgeführt werden muss. Wenn bei der zweiten Realisierung der Nutzwertanalyse die gleiche Entscheidung wie beim ersten Mal resultiert, dann ist die Entscheidung stabil.

4. Anwenden von Verfahren zur Bestimmung der wirtschaftlichen Nutzungsdauer und des optimalen Ersatzzeitpunktes von Wirtschaftsgütern

Lösung zu Aufgabe 1:

Es können zwei grundsätzliche Fälle bei der Berechnung der wirtschaftlichen Nutzungsdauer unterschieden werden.

Fall 1:
Wenn eine Investition getätigt wird, diese ausscheidet und **keine** Ersatzinvestition getätigt wird, dann spricht man von einer einmaligen Investition.

Fall 2:
Wenn eine Investition durch eine weitere Investition ersetzt (Ersatzinvestition) und dieser Vorgang in den Folgejahren mehrfach wiederholt wird, dann liegt eine Investitionskette vor.

Bei einer endlichen Investitionskette wird die Investitionstätigkeit auf eine Häufigkeit begrenzt.

Beispiel

Es wird noch zwei Mal ein Lkw gekauft, dann wird das Geschäft mangels Nachfolger aufgelöst.

Bei einer unendlichen Investitionskette geht man auch von einer unendlichen Laufzeit des Unternehmens aus. Wenn eine Investition ausscheidet, wird eine Ersatzinvestition unendlich häufig eingesetzt. Der Nutzungszeitraum der Investition sowie der folgenden Ersatzinvestitionen hängt davon ab, bei welcher Anzahl von Jahren ein maximaler Kapitalwert ermittelt wurde. Wenn z. B. im 3. Jahr ein maximaler Kapitalwert ermittelt wurde, werden unendlich oft alle drei Jahre Ersatzinvestitionen vorgenommen.

Lösung zu Aufgabe 2:

Nut-zungs-jahr	Netto-einzah-lungen	Rest-wert	Barwert Nettoein-zahlung	Kumulierte Barwerte der Nettoein-zahlungen	Barwert Restwert	Kumul. Barwert Nettoeinzahlung + Barwert Restwert - Anschaffungsauszahlung = Kapitalwert
1	37.000 €	55.000 €	35.238,10 €	35.238,10 €	52.380,95 €	27.619,05 €
2	47.000 €	50.000 €	42.630,39 €	77.868,49 €	45.351,47 €	63.219,96 €
3	57.000 €	45.000 €	49.238,74 €	127.107,23 €	38.872,69 €	105.979,92 €
4	67.000 €	40.000 €	55.121,07 €	182.228,30 €	32.908,10 €	155.136,40 €
5	77.000 €	35.000 €	60.331,51 €	242.559,81 €	27.423,42 €	**209.983,23 €**

 INFO

Die Berechnungen zur Abzinsung werden mit Taschenrechner und nicht mit DIHK-Formelsammlung durchgeführt.

Die Entscheidungsregel lautet: Die wirtschaftliche Nutzungsdauer ist optimal, wenn der maximale Kapitalwert erreicht ist.

Das Jahr mit dem **maximalen Kapitalwert** stellt das 5. Nutzungsjahr dar.

Lösung zu Aufgabe 3:

a) **1. Schritt:** Ermittlung der Kapitalwerte

Kalkulationszinssatz 5 %

Nut-zungs-jahr	Netto-einzah-lungen (in T€)	Rest-werte (in T€)	Barwerte Netto-einzah-lungen (in T€)	Kumu-lierte Barwerte Netto-einzah-lungen	Barwerte Rest-werte (in T€)	Kapitalwert = Kumulierte Barwerte Nettoeinzahlung + Barwert Restwert - Anschaffungsaus-zahlung (in T€)
1	80	70	76,19	76,19	66,67	62,86
2	50	50	45,35	121,54	45,35	86,89
3	30	30	25,92	147,46	25,92	93,38
4	20	20	16,45	163,91	16,45	**100,36**
5	10	10	7,84	171,75	7,84	99,59
6	5	0	3,73	175,48	0	95,48
7	3	0	2,13	177,61	0	97,61
8	1	0	0,68	178,29	0	98,29

Der maximale Kapitalwert liegt im 4. Nutzungsjahr. Wenn es sich um eine einmalige Investition handeln würde, dann sollte am Ende des 4. Jahres die Investition ausscheiden. Da jedoch das Unternehmen auf unbestimmte Zeit ausgerichtet ist, wird im nächsten Schritt der Kapitalwert einer unendlichen Ketteninvestition berechnet.

2. Schritt:

Der Kapitalwert berechnet sich im Rahmen einer Investitionskette gemäß folgender Formel:

$$\text{Kapitalwert} = \frac{\text{Kapitalwert des Nutzungjahres} \cdot \text{Annuitätenfaktor}}{i}$$

Nutzungs-jahr	Kapitalwert (in T€) aus Tabelle 1. Schritt	Annuitätenfaktor 5 %	Annuität (in T€)	Kapitalwert (in T€)
1	62,86	1,050000	66,00	**1.320,00**
2	86,89	0,537805	46,73	934,60
3	93,38	0,367209	34,29	685,80
4	**100,36**	0,282012	28,30	566,00
5	99,59	0,230975	23,00	460,00
6	95,48	0,197017	18,81	376,20
7	97,61	0,172820	16,87	337,40
8	98,29	0,154722	15,21	304,20

Im ersten Nutzungsjahr liegt ein maximaler Kapitalwert vor. Bei einer unendlichen Investitionskette sollte die Investition nach einem Jahr durch eine weitere Investition ersetzt werden.

b) Bei der einmaligen Investition werden die kumulierten Barwerte der Nettoeinzahlungen sowie die Barwerte der Restwerte pro Jahr addiert und von den Anschaffungsauszahlungen abgezogen. Es wird pro Nutzungsjahr ein Kapitalwert ermittelt. Das optimale Jahr, welches das letzte Nutzungsjahr der Investition darstellt, ist das Jahr mit dem höchsten Kapitalwert. Im Beispiel ist das letzte Nutzungsjahr das 4. Jahr.

Bei einer (unendlichen) Investitionskette wird durch die Annuität ein durchschnittlicher finanzmathematischer Wert gebildet. Der rechnerische Ansatz der Investitionskette führt dazu, dass die geringen Mittelzuflüsse in späteren Jahren vermieden werden und die Ersatzinvestition nach dem 1. Jahr erfolgt. Ein Grund liegt in den sinkenden Einzahlungen sowie geringeren Restwerten in den Folgeperioden.

Lösung zu Aufgabe 4:

Ermittlung des Restbarwertes: 30.000 € • 0,613913 (Abzinsungsfaktor) = 18.417,39 €

Anschaffungsauszahlung - Restbarwert = 250.000 € - 18.417,39 € = 231.582,61 €

Annuität:
231.582,61 € • 0,129505 = 29.991,11 €
5.000 € (Betriebskosten) + 29.991,11 € = 34.991,11 €

Die durchschnittlichen Auszahlungen des neuen Automaten betragen 34.991,11 € und sind höher als die durchschnittlichen Auszahlungen des alten Automaten. Daher sollte der alte Automat (eine Zeit lang) weiter betrieben und nach einer gewissen Zeit eine erneute Vergleichsrechnung durchgeführt werden.

5. Beurteilen von Finanzierungsformen und Erstellen von Finanzplänen

Lösung zu Aufgabe 1:

Abzahlungsdarlehen, 5 Jahre Laufzeit, Fremdkapitalzinssatz 5 % p. a.

Jahr	Schuld	Zinsen	Tilgung	Kapitaldienst	Restschuld
1	800.000	40.000	160.000	200.000	640.000
2	640.000	32.000	160.000	192.000	480.000
3	480.000	24.000	160.000	184.000	320.000
4	320.000	16.000	160.000	176.000	160.000
5	160.000	8.000	160.000	168.000	0
Summe		120.000	800.000	920.000	

Der Unternehmer müsste einen Kapitaldienst in Höhe von 920.000 € leisten. Er leistet einen Zinsaufwand in Höhe von 120.000 €.

Lösung zu Aufgabe 2:

a) Bei einer OHG gibt es mindestens 2 Eigenkapitalkonten der mindestens 2 Gesellschafter. Die Zuführung von Eigenkapital ist wie beim Einzelunternehmer in Form von Geld- und/oder Sachkapital möglich. Jeder Gesellschafter haftet mit dem Geschäfts- und Privatvermögen.

b)

Gesell-schafter	Kapital 01.01.00	Kapital-verzinsung	Rest-gewinn	Gesamt-gewinn	Privat-entnahme	Kapital 31.12.00
A	60.000	2.400	48.000	50.400	40.000	70.400
B	40.000	1.600	48.000	49.600	40.000	49.600
	100.000	4.000	96.000	100.000	80.000	120.000

Lösung zu Aufgabe 3:

a) Die KG kann sich durch Geld- und Sacheinlagen des Vollhafters (Komplementär) und des Teilhafters (Kommanditist) Eigenkapital beschaffen. Die Komplementäre haften mit dem Geschäfts- und Privatvermögen, während die Kommanditisten bis zur Höhe ihrer Einlage haften. Die Gesellschafter erhalten eine Verzinsung von 4 % auf ihre Kapitaleinlage (§ 167 - 169 HGB) oder eine vertraglich höhere Verzinsung im Rahmen des Gesellschaftsvertrags.

b)

Gesell-schafter	Kapital 01.01.00	Arbeits-anteil	Kapital-verzinsung	Rest-gewinn	Gesamt-gewinn	Privatent-nahme	Kapital 31.12.00
A	500.000	50.000	40.000	80.700	170.700	20.000	650.700
B	30.000		2.400	26.900	29.300		30.000
	530.000	50.000	42.400	107.600	200.000	20.000	680.700

Lösung zu Aufgabe 4:

Eine akzessorische Sicherheit ist vom Bestand einer Forderung abhängig.
Beispiel: Hypothek

Eine fiduziarische Sicherheit ist **nicht** vom Bestand einer Forderung abhängig.
Beispiel: Grundschuld

Lösung zu Aufgabe 5:

a) **Formel für Bezugsrechtswert einer Altaktie:**

Z_a = Zahl alte Aktien
Z_n = Zahl neue Aktien
K_a = Kurs alte Aktie in €
K_n = Kurs neue Aktie in €
B = Bezugsrechtswert einer Altaktie in €
Z_a/Z_n = 4:1

$$B = \frac{K_a - K_n}{\dfrac{Z_a}{Z_n} + 1}$$

$$= \frac{25\ € - 20\ €}{\dfrac{4}{1} + 1} = 1\ €$$

Der Bezugsrechtswert einer Altaktie beträgt 1 €.

Kurs der Aktie nach Kapitalerhöhung:

$$K_n = K_a - B$$

K_n = 25 € - 1 € = 24 €

Der Kurs der Aktie nach Kapitalerhöhung beträgt 24 €.

b) Durch das Bezugsrecht werden Stimmrechts- und Vermögensnachteile der Altaktionäre vermieden.

Lösung zu Aufgabe 6:

Die Rechnung ist zahlbar innerhalb von 10 Tagen mit 2 % Skontoabzug oder in 30 Tagen ohne Abzug.

$$x = \frac{2\ \% \cdot 360\ \text{Tage}}{20\ \text{Tage}} = 36\ \%$$

Der Skontosatz von 2 % beträgt auf ein Jahr bezogen 36 %. Der Leiter des Rechnungswesens sollte trotz des Sollzinssatzes von 15 % die Skontierung durchführen, da ein Vorteil entsteht.

Lösung zu Aufgabe 7:

Der Aussteller (Lieferant; Gläubiger) eines Wechsels zieht eine Tratte auf den Bezogenen (Kunde; Schuldner). Wenn der Schuldner den gezogenen Wechsel unterschreibt, entsteht ein Akzept.

Lösung zu Aufgabe 8:

Kalkulationszinssatz 5 %

Anzahlung:
30 % von 5 Mio. € sofort und 70 % nach einem Jahr.

70 % von 5 Mio. € ergibt 3,5 Mio. €. Dieser Wert wird auf die Basisperiode abgezinst.

Barwert = 1,5 Mio. € + 3,5 Mio. € • 0,952381 = 4,83 Mio. €

Wechselgeschäft:
5 Mio. € + 30 % Aufschlag (1,5 Mio. €) = 6,5 Mio. € (Ende 1. Jahr fällig)

Barwert = 6,5 Mio. € • 0,952381 = 6,19 Mio. €

Unter ökonomischen Aspekten sollte sich Franz Maier für das Wechselgeschäft entscheiden, da der Barwert der Anzahlung kleiner ist als der Barwert des Wechselgeschäftes. Jedoch werden Wechselgeschäfte häufig vorgeschlagen, weil derzeit keine Zahlungsfähigkeit vorliegt (was auch tatsächlich der Fall ist). Franz Maier sollte sich weitere Informationen über die Bonität des Kunden einholen.

Lösung zu Aufgabe 9:

Die Avisbank ist die Bank des Exporteurs, während die Akkreditivbank die Bank des Importeurs ist. Wenn die Akkreditivbedingungen mit den Vereinbarungen übereinstimmen, dann kann der Versand an den Importeur erfolgen. Zudem übergibt der Exporteur die Dokumente an die Avisbank zur Weiterleitung an die Akkreditivbank.

Lösung zu Aufgabe 10:

a) Berechnung der jährlichen Leasingraten:
    Abschlussgebühr: 400.000 € • 0,20 = 80.000 €
    Leasingrate pro Monat: 400.000 € • 0,05 = 20.000 € pro Monat
    Jährliche Leasingrate = 12 Monate • 20.000 €/Monat = 240.000 €

    Auszahlungen Leasing:
    5 Jahre • 240.000 €/Jahr = 1.200.000 €
    Abschlussgebühr 80.000 €

    Auszahlung Leasing 1.280.000 €

    Der Barkauf in Höhe von 400.000 € ist deutlich günstiger.

b) Ein nicht monetäres Argument besteht darin, dass der Leasingzeitraum begrenzt ist. Somit kann der Leasingnehmer den Automaten an den Leasinggeber zurückgeben. Wenn ein weiterer Bedarf an einem Automaten vorhanden ist, kann er wieder einen Automaten mit höherem Stand der Technik (Annahme) leasen. Der Unternehmer ist durch Leasing flexibler als bei einem Barkauf.

Lösung zu Aufgabe 11:

a) Annuitätendarlehen:
Kapitalwiedergewinnungsfaktor mit 3 % und 5 Jahren: 0,218355
400.000 € • 0,218355 = 87.342 € pro Jahr

Kapitaldienst für 5 Jahre: 87.342 €/Jahr • 5 Jahre = 436.710 €

Das Annuitätendarlehen ist günstiger als das Leasingangebot. Der Barkauf bleibt jedoch aus quantitativen Aspekten die bevorzugte Größe.

b) Der Zinsaufwand ist als Betriebsausgabe abzugsfähig. Daher wird nachfolgend der Zinsaufwand berechnet.

Jahr	Schuld	Zinsen	Tilgung	Kapitaldienst (Zinsen und Tilgung)	Restschuld
1	400.000,00 €	12.000,00 €	75.342,00 €	87.342 €	324.658,00 €
2	324.658,00 €	9.739,74 €	77.602,26 €	87.342 €	247.055,74 €
3	247.055,74 €	7.411,67 €	79.930,33 €	87.342 €	167.125,41 €
4	167.125,41 €	5.013,76 €	82.328,24 €	87.342 €	84.797,17 €
5	84.797,17 €	2.543,92 €	84.798,08 €	87.342 €	- 0,91 €
Summe		36.709,09 €	400.000,91 €	436.710,00 €	

Die Differenz von - 0,91 € im 5. Jahr kommt durch Rundungen zustande.

Zinsaufwand 36.709,09 € • Grenzsteuersatz 0,3 = 11.012,73 € (ca. 11.013 €)

Die Nettoauszahlung unter Berücksichtigung des Steuervorteils beträgt für das Annuitätendarlehen 425.697 € (436.710 € - 11.013 €). Der Barkauf ist unter Betrachtung der absoluten Zahlen auch günstiger als das Annuitätendarlehen (und das Leasingangebot). Die Information mit dem Grenzsteuersatz hat keinen Einfluss auf die Entscheidung.

Lösung zu Aufgabe 12:

a) Lineare Abschreibung pro Jahr und pro Automat: 50.000 €/10 Jahre = 5.000 € pro Jahr

Jahr	Bestände	Anschaffungswert	Abschreibung	Zusätzliche Automaten
1	Anfangsbestand = 10	10 · 50.000 € = 500.000 €	10 · 5.000 € = 50.000 €	1
2	11	11 · 50.000 € = 550.000 €	11 · 5.000 € = 55.000 €	1
3	12	12 · 50.000 € = 600.000 €	12 · 5.000 € = 60.000 €	1
4	13			

Nach drei Jahren kann die Kapazität um drei Automaten erweitert werden.

b)

$$\text{Kapazitätserweiterungsfaktor} = 2 \cdot \frac{\text{Nutzungsdauer}}{\text{Nutzungsdauer} + 1}$$

$$= 2 \cdot \frac{10}{10 + 1} = 1,82$$

Wenn der Prozess der Kapazitätserweiterung über viele Perioden fortgeführt wird, dann pendelt sich der Bestand auf (mindestens) 18 Automaten ein (Anfangsbestand 10 · 1,82 = 18,2).

Lösung zu Aufgabe 13:

Mit der Bildung von Rückstellungen wird ein Aufwand in der Gewinn- und Verlustrechnung dokumentiert, der den Gewinn senkt. Dadurch sinkt auch die Steuerbemessungsgrundlage. Es fließen weniger Finanzmittel an Gesellschafter und/oder an die Finanzbehörde. Die Vermeidung von Auszahlungen wirkt wie eine Einzahlung (Finanzierungseffekt). Zudem können die nicht abgeflossenen Finanzmittel angelegt werden, sodass ein Zinsertrag resultiert. Insgesamt liegt durch die Bildung von Rückstellungen ein Liquiditäts- und Zinseffekt vor.

Lösung zu Aufgabe 14:

Kapitalbindung der ... in Tagen	Rohstofflager	Produktion	Fertigerzeugnis-Lager	Kundenziel
Gemeinkosten 120	20	50	20	30
Löhne 100		50	20	30
Werkstoffe 110	20 - 10 (Lieferantenziel abziehen)	50	20	30

Elektive Methode:
Umlaufkapitalbedarf:
Gemeinkosten = 120 Tage · 12.000 €/Tag = 1.440.000 €
Löhne = 100 Tage · 18.000 €/Tag = 1.800.000 €
Werkstoffe = 110 Tage · 20.000 €/Tag = 2.200.000 €

Gesamter Kapitalbedarf Umlaufvermögen = 5.440.000 €

Lösung zu Aufgabe 15:

a)

Monat Liquiditätsfall	1	2	3
	Anfangsbestand 700 T€	AB 400 T€	AB 0 T€
Einzahlungen von Investoren 200 T€ in Monat 1	200 T€		
Zahlung der Löhne der Solar AG 500 T€ jeweils in Monat 1, 2 und 3	- 500 T€	- 500 T€	- 500 T€
Einnahmen aus dem Verkauf von Solarmodulen 100 T€ in Monat 2		100 T€	
Bezahlung von Handwerkerrechnung 50 T€ in Monat 3			- 50 T€
Schlussbestand	400 T€	0 T€	- 550 T€

Der Schlussbestand am Ende des 3. Monats beträgt - 550 T€.

b) Kaufmännische Zinsformel:

$$\text{Zinssatz in \%} = \frac{\text{Zinsen} \cdot 360 \text{ Tage}}{\text{Kapital} \cdot \text{Tage}}$$

Die Formel wird auf Zinsen umgestellt:

$$\text{Zinsen} = \frac{\text{Zinssatz} \cdot \text{Kapital} \cdot \text{Tage}}{360 \text{ Tage}}$$

$$\text{Zinsen} = \frac{0{,}15 \cdot 550 \text{ T€} \cdot 30 \text{ Tage}}{360 \text{ Tage}} = 6.875 \text{ €}$$

Das Unternehmen muss mit Überziehungszinsen in Höhe von 6.875 € rechnen.

6. Gemischte Aufgaben – kurz und kompakt

Lösung zu Aufgabe 1:

Die statische Liquidität beinhaltet die Kennzahlen (Liquiditätsgrade 1 bis 3). Sie beziehen sich auf einen Stichtag (z. B. Bilanzstichtag). Die dynamische Liquidität betrachtet einen Zeitraum. Mit dem Finanzplan können die zukünftigen Einnahmen und Ausgaben abgebildet werden.

Lösung zu Aufgabe 2:

Der Basiszinssatz des Kalkulationszinssatzes kann je nach Finanzierung über den Fremdkapitalzinssatz und/oder über die Opportunitätskosten bei Eigenfinanzierung ermittelt werden. Der Fremdkapitalzinssatz ist feststellbar, während die Opportunitätskosten einen Spielraum eröffnen. Welche Alternative zum eingesetzten Eigenkapital verwendet man (Aktien, Schuldverschreibungen)?

Der Risikoaufschlag zum Basiszinssatz stellt einen weiteren dehnbaren Aspekt dar, weil er einer subjektiven Einschätzung unterliegt. Der Kalkulationssatz, der zum Teil unscharf ermittelt wurde, wird aber für genaue Rechnungen eingesetzt. Die Höhe des Kalkulationszinssatzes trägt entscheidend dazu bei, ob Investitionen angenommen oder abgelehnt werden.

Lösung zu Aufgabe 3:

Eine Investitionsentscheidung sollte niemals nur mit einem Investitionsrechenverfahren geprüft werden. Zudem sollte neben den quantitativen Verfahren auch ein qualitativer Ansatz (z. B. Nutzwertanalyse) eingesetzt werden.

Lösung zu Aufgabe 4:

Bei einem Risiko lässt sich eine Wahrscheinlichkeit bestimmen, während dies bei Unsicherheit aufgrund erhöhter Komplexität und Dynamik nicht der Fall ist.

Lösung zu Aufgabe 5:

Durch den Einsatz von Fremdkapital wird die Eigenkapitalrendite erhöht („gehebelt"; leverage = Hebel), wenn die Gesamtkapitalrendite größer ist als der Fremdkapitalzinssatz.

Lösung zu Aufgabe 6:

Eine quantitative Analyse im Rahmen eines Ratings beinhaltet eine Bilanzanalyse. Es wird eine Vielzahl an Kennzahlen über mindestens 3 Jahre beobachtet und bewertet. Die qualitative Analyse bildet die nicht monetären Faktoren, wie z. B. Qualifikation des Managements, Stand der Technik, Existenz eines Umweltmanagements usw., ab.

Die quantitativen und qualitativen Analysen stellen die Grundlage für ein Gesamtbild dar, das für die Beurteilung der Bonität maßgeblich ist.

Lösung zu Aufgabe 7:

Der Skontoabzug entspricht je nach Zahlungsbedingungen in etwa einer Jahresverzinsung von ca. 35 %. Daher lohnt sich auch die Inanspruchnahme des Überziehungskredits in Höhe von 14 % p. a.

Lösung zu Aufgabe 8:

Die Sicherungsübereignung ist ein geeignetes Mittel, um den Kauf des Lkws auf Kredit für die Hausbank abzusichern. Die Hausbank wird Eigentümer (Überlassung des Kfz-Briefs), und der Maschinenbauunternehmer wird Besitzer (Überlassung des Kfz-Scheins).

Lösung zu Aufgabe 9:

Die Rentabilität berechnet sich aus dem Verhältnis Gewinn dividiert durch Kapitaleinsatz. Ein Problem kann die Ermittlung des Gewinns sein.

Gewinn = Umsatz - Kosten

Umsatz = Menge • Preis

Die Ermittlung des Absatzpreises könnte das Problem sein, wenn die Rentabilität einer Maschine **in einer Prozesskette** berechnet werden soll, weil kein direkter Absatzpreis für den Output der Maschine verbunden ist.

Lösung zu Aufgabe 10:

Damit der Kapitalfreisetzungseffekt im Rahmen der Finanzierung aus Abschreibungen realisiert werden kann, müssen die im Absatzpreis integrierten kalkulatorischen Abschreibungen vollständig zurückfließen. Eine wesentliche Voraussetzung ist, dass der Absatzpreis mit der kalkulierten Abschreibung in der geplanten Höhe durchsetzbar ist.

Lösung zu Aufgabe 11:

Die goldene Bilanzregel zeigt das Verhältnis von Eigenkapital zu Anlagevermögen. Das Eigenkapital sollte ausreichen, das Anlagevermögen mindestens zu decken (≥ 100 %). Dadurch wird das Anlagevermögen, welches das „Fundament" des Unternehmens darstellt, durch eigene Mittel gedeckt. Es wirkt keine Fremdfinanzierung und somit keine Abhängigkeit von Dritten auf das Anlagevermögen.

Lösung zu Aufgabe 12:

Wenn ein Kunde (Schuldner) eine Lieferantenrechnung nicht bezahlen kann, besteht die Möglichkeit, dass der Lieferant (Gläubiger) dem Schuldner mit einem Wechsel einen Kredit gewährt. Der Kunde (Schuldner) kann z. B. 3 Monate später zahlen.

Lösung zu Aufgabe 13:

Begriffe in der statischen Investitionsrechnung: Kosten, Leistungen

Begriffe in der dynamischen Investitionsrechnung: Einzahlungen und Auszahlungen

Lösung zu Aufgabe 14:

Ja, diese Aussage ist richtig. Wenn der Kalkulationszinssatz sinkt, dann steigt der Barwert.

Abzinsungsfaktor

$$\text{Abzinsungsfaktor} = \frac{1}{(1 + i)^n}$$

Durch den Abzinsungsfaktor werden Zahlungen ab der Periode 1 auf die Basisperiode 0 von der **Zukunft in die Gegenwart** transformiert. In der Basisperiode sind die Zahlungen der verschiedenen Perioden vergleichbar.

Aufwendungen

Aufwendungen mindern das Eigenkapital, weil ein Werteverzehr von Gütern dokumentiert wird. Aufgrund der Transparenz werden die Aufwendungen auf der Sollseite der Gewinn- und Verlustrechnung gebucht.

Aufzinsungsfaktor

$$\text{Aufzinsungsfaktor} = (1 + i)^n$$

Mit dem Aufzinsungsfaktor wird das Endkapital eines Barwertes in der Zukunft berechnet. Es wird der Zinseszins beim Aufzinsen von der **Gegenwart in die Zukunft** berücksichtigt.

Ausgaben

Ein Lieferant wird z. B. in drei Wochen bezahlt, sodass Verbindlichkeiten entstehen. Das → *Geldvermögen* sinkt. Somit liegen Ausgaben vor.

Beispiel
Kauf von Waren auf Ziel.

Auszahlung

Abnahme der Zahlungsmittel (Bank, Kasse). Das Geldvermögen sinkt.

Beispiel
Zahlung einer Lieferantenrechnung, bar oder per Überweisung vom Bankkonto.

Betriebsvergleich

Betriebsvergleiche entstehen durch empirische Erhebungen bei Kammern, Verbänden oder Forschungseinrichtungen. Für die Kennzahlen der Bilanz sowie der Gewinn- und Verlustrechnung werden Mittelwerte berechnet und diese Betriebsgrößenklassen zugeordnet, die sich nach Umsatzgröße oder an der Anzahl der Beschäftigten orientieren. Die Kennzahlen des zu untersuchenden Unternehmens werden mit den Kennzahlen des Betriebsvergleichs gemäß der Betriebsgrößenklasse verglichen und eine Abweichungs- sowie Schwachstellenanalyse durchgeführt.

Cashflow

$$\text{Cashflow} = \text{Jahresüberschuss} + \text{Abschreibung} + \text{Zuführung langfristige Rückstellungen}$$

Die Abschreibung wird addiert, weil sie zur Gewinnermittlung abgezogen wurde. Dadurch wird die Abschreibung neutralisiert. Zudem stellt die Abschreibung keine Auszahlung dar.

Delphi-Methode

Die Delphi-Methode ist eine Expertenbefragung. In einer ersten Runde werden Experten zu einem bestimmten Thema befragt, z. B. geschätzter Kapitalbedarf für eine Investition. Die Experten geben ihre Bewertung ab. Es wird ein arithmetisches Mittel gebildet und die Streuung der Werte aufgezeigt. Der jeweilige Experte kann seine eigene Schätzung mit dem Mittelwert vergleichen und überlegen, wodurch mögliche Abweichungen bedingt sind. In einer zweiten Runde können die Experten im Rahmen einer Expertenklausur die Ergebnisse diskutieren (z. B. über die Annahmen der Schätzungen), oder es wird eine erneute schriftliche Befragung durchgeführt, bei der die Experten ihre ursprüngliche Bewertung in Anbetracht des Mittelwertes korrigieren können.

Differenzinvestition

Eine Differenzinvestition wird gebildet, wenn bei den Anschaffungskosten zwischen zwei Investitionsalternativen große Unterschiede vorliegen. Es werden sämtliche Rechenschritte, z. B. bei einer Rentabilitätsvergleichsrechnung, auch für die Differenzinvestition durchgeführt. Für die Differenzinvestition resultiert eine Rentabilität, die bei alternativer Kapitalanlage **mindestens** erreicht werden sollte, dass die Investition mit den kleineren Anschaffungskosten als rentabel betrachtet werden kann.

Einnahmen

Der Kunde bezahlt z. B. in drei Wochen, sodass Forderungen entstehen. Das → **Geldvermögen** steigt. Wenn das Geldvermögen zunimmt, dann liegen Einnahmen vor.

Beispiel

Verkauf von Waren auf Ziel.

Einzahlung

Zunahme der Zahlungsmittel (Bank, Kasse). Das → **Geldvermögen** steigt.

Beispiel

Kunde bezahlt bar oder per Überweisung auf das Bankkonto.

Erträge

Erträge stellen einen Wertezuwachs von Gütern dar, die das Eigenkapital erhöhen. Aufgrund der Transparenzanforderungen werden die Erträge auf der Habenseite der GuV (Unterkonto des Eigenkapitalkontos) gebucht.

Finanzplan

Der Finanzplan zeigt die zukünftigen Einnahmen und Ausgaben auf.

Geldvermögen

Geldvermögen	=	Zahlungsmittelbestand	+	Forderungen	-	Verbindlichkeiten

Ideenfindung

Die Ideenfindung kann im betrieblichen Vorschlagswesen umgesetzt werden. Typische Instrumente sind: Brainstorming, Brainwriting usw.

Kapitalflussrechnung

→ **Cashflow** aus laufender Geschäftstätigkeit

Ein- und Auszahlungen aus Investitionstätigkeit.

Ein- und Auszahlungen aus Finanzierungstätigkeit.

Das Ergebnis der Kapitalflussrechnung sind die liquiden Mittel (Kasse der Bilanz).

Kennzahlen

Absolute Kennzahlen: Gewinn, Umsatz

Relative Kennzahlen: z. B. Eigenkapitalquote (EK/GK)

Messzahlen: z. B. Umsatzmesszahl (Jahr 2000 = 100).

Konnossement

Im Überseeverkehr stellt eine Reederei im Rahmen eines Seefrachtvertrags dem Exporteur ein Konnossement aus, die übergebene Ware an den Empfänger (Importeur) zu liefern. Das Konnossement ist ein Warenwertpapier, mit dem der Berechtigte (Importeur) die Herausgabe der Ware verlangen kann und somit ein Eigentumsübergang stattfindet (vgl. *Büter*, 2010, S. 273).

Kosten
betriebsbedingter Aufwand

Leistung
betriebsbedingter Ertrag

Leverage-Effekt
Leverage bedeutet „Hebel". Bei einer Aufnahme von Fremdkapital wird die Eigenkapitalrendite gehebelt, d. h., sie steigt, wenn die Gesamtkapitalrendite größer als der Fremdkapitalzinssatz ist.

Opportunitätskosten
Kosten bei Verzicht auf die zweitbeste Alternative

Beispiel
Einlage in eine OHG; Alternative Aktienanlage bei einem DAX-Unternehmen

Durch die Einlage verzichtet der Investor auf die Verzinsung der Beteiligung bei dem DAX-Unternehmen (zweitbeste Alternative).

Risikomanagement
Risiken identifizieren (Methoden der Ideenfindung)

Risiken bewerten (Risikowert = Eintrittswahrscheinlichkeit • Schadenshöhe)

Risiken klassifizieren (ABC-Risiken)

Risiken vermeiden (Verträge, Versicherungen usw.)

Bourier, G., Beschreibende Statistik, 7. Auflage, Wiesbaden 2008

Bundesverband deutscher Banken, in: http://www.betriebsberatungsstelle.de/dwl/fokus-unternehmen_Working_Capital_Management_BGA_DdB.pdf, 12/2014, Abrufdatum 11.01.2018

Büter, C., Außenhandel, 2. Auflage, Heidelberg 2010

Däumler/Grabe, Grundlagen der Investitions- und Wirtschaftlichkeitsrechnung, 12. Auflage, Herne 2007

DIHK-Gesellschaft für berufliche Bildung, Formelsammlung Prüfungsvorbereitung, Bonn 2018

Eisenschink, C., Finanzwirtschaftliche Steuerung, Herne 2016

Eisenschink, C., Rechnungswesen für Technische Betriebswirte, Herne 2018

Kühnapfel, J. B., Nutzwertanalysen in Marketing und Vertrieb, Wiesbaden 2014

Olfert, K., Finanzierung, 15. Auflage, Herne 2011

Schnell/Hill/Esser, Methoden der empirischen Sozialforschung, 8. Auflage, München 2008

L

M

N

O

STICHWORTVERZEICHNIS